我的第一本

洋蘭Q&A栽植書

目錄

＊本書內的具體內容以日本關東地區以西為基準所收集整理。

＊因為地域及年份、氣候的差異，所以有同解說內容不一致的地方，請讀者根據居住的環境靈活運用。

＊種類多的植物，其作業曆的表格，以最具代表性的種類做代表。

＊噴灑藥劑時，要選擇沒有風的日子，並通知鄰居後再實施。

東亞蘭

蘭科東亞蘭屬

月份	開花期	放置場所(遮光率)	澆水	肥料	主要作業
1月		室內（明亮的地方）	花蕾伸長時要充分		支柱固定
2					
3					換盆、分株
4		戶外	一般	固體肥料、液體肥料	
5					
6					
7		遮光（30～40％）	較多	液體肥料	
8					
9					
10		戶外	逐漸減少		
11		室內（明亮的地方）			
12					支柱固定

Q 不同品種的栽植方法也不一樣嗎？

大花直立東亞蘭和小花東亞蘭的栽植方法有什麼不同？另外，下垂品種的栽植方法有什麼不一樣？

A

因為同屬東亞蘭屬，所以栽植方法基本上相同。如果要說有什麼差別，那就是小花品種比較容易開花。

另外，下垂品種（包含原本就是下垂的品種，和利用支柱使其直立開花而強制使其下垂的品種）的栽植方法，需要注意的地方是，這種強制性下垂的品種經常會在第二年後就直立開花，並不容易區分。通常來說，小花下垂的品種原本具有下垂開花的特性，而大花的品種就很難使它下垂。

Pure Wedding

Q 讓陽光直射可以嗎？

聽說東亞蘭是很喜歡陽光的一種蘭花，可以不設置遮光網，直接讓它接受陽光直射嗎？

A

東亞蘭是一種很喜歡陽光的蘭花，如果日照太弱或日照時間太短，就開不了花，所以，應儘量把它放置在日照強烈、日照時間長的地方栽植，就會充分開花。

但如果盛夏時受到強烈日光的照射，葉子仍然會被曬傷。葉子一旦曬傷，就不能復原，不僅僅是葉子變得難看，而且也無法製造對植株十重要的養分。

七月到九月中旬是日照最強烈的時期，最好用遮光網遮住百分之三十至四十的陽光。另外，下午前半時段要在葉子上噴水，降低葉子的溫度，預防葉子被曬傷。

Q 有花蕾的植株要栽種在哪裡比較好？

在蘭花冒出花芽、花蕾伸長期，很想用它來裝飾住家，但是不是有花蕾之後，就最好不要改變放置的場所？

Million Veil

A

東亞蘭的花蕾開始伸展後，往往教人興奮得想立刻把它搬到室內觀賞。但是，從花蕾長出一半到開花的這一段時間，最好還是不要移動植株。如果把植株倉促地挪動到溫度高的地方，多半會導致花蕾水分不足而凋謝。

要預防花蕾凋落，就要避免急遽的溫度變化，並注意乾燥的問題。如果想在溫暖的屋子裡看著花兒一朵一朵地綻開，就要充分澆水，並經常給花蕾和枝幹噴水。如果花蕾伸長得比較早，說明此時很需要水，在花朵盛開前，每天澆水都不會有問題。

Q 冬天適合放在哪裡？

聽說洋蘭很耐寒，冬季如果不挪到室內，可以直接放在戶外嗎？

A

洋蘭很耐寒，但如果氣候過於嚴寒，就會導致生長緩慢，經常會有花芽伸長不出的後果。戶外最低溫度降到攝氏五度左右，最好搬到室內，儘量放置在窗邊光線好的地方。

東亞蘭的花芽生長速度，會根據放置地點溫度的不同而有所變化。溫度低，生長則較慢，溫度高，則抽芽快。所以，可以利用這個特質來調節開花期。

Majolica

如果只想保住植株，放在戶外也可以。即使降至攝氏二到三度，植株也可以保持健康。不過植株如果受寒氣所侵，來年的生長就會受到影響。所以，冬季時節最好還是把洋蘭放置到室內，這樣才能長年欣賞。

Q 應該如何澆水？

聽說東亞蘭很需要水分，為了怕缺水，可不可以把花盆長期浸在盛水的水盤裡？

A 東亞蘭的確是一種喜好水分的蘭花，但根部長久浸泡在水中可是會腐爛的。栽植用的介質和根部浸透水分後，在稍乾燥的環境中是最適宜東亞蘭生長。夏天，在介質乾燥前要充分補充水分，但不能把花盆長期浸在盛水的水盤裡。

Q 什麼時候適合施肥？

為了使花芽抽得又大又長，開花數多，所以想施肥。請問，寒冷時節是否適合施肥？

A 新手在栽植洋蘭上容易失手最常發生的原因，就是施肥時間的掌握。通常，花草在花期是不能斷肥的，但東亞蘭很特殊，花期中反而不可以施肥。

東亞蘭在春季到秋季期間，植株抽高長粗壯，球莖膨大，這個季節急需施肥。而從冬初到春季，在花芽抽長的時節要記得不要施肥。在溫度低的季節，施肥不僅是毫無意義的浪費，甚至會傷及基部。所以，請務必牢記，冬季不可以施肥。

Million Kisses

Q 為什麼不開花？

栽植了幾年的東亞蘭一直不開花，到底是什麼原因？要怎樣才能開花呢？

A

我經常聽到：「朋友家的東亞蘭都開花了，可是我家的卻遲遲不開花。」東亞蘭不開花的最主要原因，是日照不足。只要日照時間和強度足夠，至少也會開一枝花；如果完全不開花，就要從日照上追查原因了。

在春季到秋季之間的生長期日照是必須的，而在秋季到冬季等待開花的期間，也要儘量有足夠長的日照時間。另外，日照的強度也很重要，日照太弱，就很難抽芽。

次要的原因可能是沒有換盆。因為是栽植在小花盆裡，如果沒有兩年換一次盆，整理舊根，新根就無法伸長。雖然花盆上部的植株持續生長，但花盆裡面卻擁擠不堪，快要撐破了，這樣會導致不開花。請試著在早春時節換盆，把大株的花分株，使花盆內有充足的空間。如果做到以上兩點，就一定會開花。

Enzan Knuckle 'Paulista'

Q 花蕾變黃了，怎麼辦？

小心翼翼照顧的東亞蘭終於吐出了盼望已久的花蕾，可是還沒綻開卻變黃了，這到底是什麼原因？

A

經常聽到在花芽吐出後，原以為會順利伸長時，卻突然發生花蕾變黃、凋謝的狀況。對於東亞蘭來說，這種情況大多是由於缺水所造成。如果查看東亞蘭的栽植指南類書籍，上面會寫著：從秋季到冬季要減少澆水。如果抽芽晚，這樣做是沒錯的，但如果在秋末冬初花芽開始抽出時，不稍稍增加澆水量是不行的。想要花芽充分伸長，白天必須有足夠的水分。這個時候，即使晚上溫度下降，但如果早上沒有足夠的水分，花蕾也會變黃、凋謝。

另外，也可能自以為已經充分澆水，因為花盆中的花根密密麻麻，雖然從花盆上面澆了水，卻沒有滲到底下，這種事情經常發生。這時，要每兩到三天一次，把花盆浸在盛水的桶子裡。花盆內的花根充分吸收到水分後，花盆就會變重，如果從花盆的上方澆水，花盆沒有變重，不妨就把花盆浸於水桶裡。

Q 讓花開到什麼程度比較好呢？

東亞蘭已經開花將近兩個月了，就讓它一直開到枯萎可以嗎？

A

東亞蘭因為花期長，深受人們的喜愛。花期的長短，因放置場所的溫度差異而有所不同。放在溫度低的場所，有時花期會達到兩個月以上。如果讓花一直開放，對東亞蘭而言，是要耗費很多養分的，如果任其開花，球莖就會起皺萎縮，逐漸變得瘦弱。所以，最好還是讓花開大約一個半月到兩個月後，就把花莖從根本處剪下來，作為切花欣賞，也是不錯的做法。

Q 花莖為什麼伸不直？

我照顧的東亞蘭，為什麼不能像花店裡的一樣花莖直立著開花，這是為什麼？

A

東亞蘭的花莖大多是微微呈弓形上伸，沒有筆直上伸的。另外，大花系中有不少花莖會比較柔軟，花開後就顯得軟綿綿的樣子。

所以，如果要讓花莖筆直地向上開花，就要趁花芽還小時，架上筆直的支柱，用支柱上的塑膠繩子引導東亞蘭向上。如果有多個花芽時，就要謹慎考慮要讓花伸向什麼位置，也可以把花芽引導到旁側。

架立筆直支柱使花盛開的方法，可以使花在運輸和販售時非常便利。其實，東亞蘭原本自然呈弓形開花的姿態非常優雅，建議您換個角度來欣賞它，發現它的美。

Q 長出的新芽太多了，該怎麼辦？

入春後，東亞蘭植株上抽出了很多新芽，讓這些新芽全部都伸出來可以嗎？

A

有壯實球莖和直挺葉子的植株一入春後，往往就會冒出很多新芽，通常平均一個球莖只保留兩個左右較大的新芽即可，其餘的則從基部摘除。芽數過多，會影響新芽的伸長，花莖也長不大。較大的新芽要優先留下，留芽的時候要注意，不能使新芽長大後互相交叉。如果是從沒什麼生氣的植株上冒出新芽，這是很危險的信號，因為往往基部腐爛、植株變弱就會冒出很多新芽。這時，要將這樣的植株馬上換到小的花盆裡，把舊的栽植介質全部清掉，換上新的介質，重新栽植到小花盆裡。弱小的植株，平均每個球莖只留一個較大的芽即可，其餘的全部摘除。

Q 秋季抽出的新芽要摘除嗎？

把春季時冒出的新芽摘除一些以減少數量，可是入秋後又冒出新芽，該怎麼辦才好？

A

一些很有生氣的東亞蘭在入秋後會冒出新芽，這些新芽本來就毫無用處，建議趁它們還小時就要摘除。

但是，如果秋季的新芽剛好和花芽在同一時期萌發出來時，要注意不要摘除到花芽。新芽的上端往往比較

Peach Fizz

尖，觸摸時有較堅硬的感覺；花芽則比較圓潤，稍微柔軟些。如果無法區分，就不要在新芽還小的時候摘除，應等到生長到能夠清楚分辨時再摘除。

東亞蘭的花芽（上）和葉芽（下）

Q 可以用水苔栽植嗎？

大多數洋蘭都是在瓦盆裡加上水苔來培植，東亞蘭也可以用這個方式嗎？

A 大多數東亞蘭是用塑膠盆加上樹皮，或是用樹皮和浮石的混合介質栽植的。這些對於特性喜好水又要求水乾得快的東亞蘭來說，是非常合適的培植介質。

在素燒花盆裡加水苔培植，最需要注意的是，冬季時不可過濕；若在塑膠盆裡加上水苔，則盆內的介質很不容易乾燥，所以最好不要用塑膠盆培植。

Q 何時換盆呢？

聽說要在春季換盆，可是這時候我家的東亞蘭還在長花蕾呢！不能在花謝後再換盆嗎？

A 東亞蘭最適宜於三月末到五月這段期間換盆。但是，這期間恰好是家庭栽植的東亞蘭抽花芽、開花的時節。即使是更早些開花，仍是可以賞花的時候，就這樣剪掉，當然會覺得可惜。但如果一直觀賞到花全謝，就只能在六月左右換盆。如果在六月份換盆，植株就不能生長得很好，來年也開不了花。

如果到了換盆的時期仍然開花，就把花枝剪下來，一邊欣賞切花，一邊換盆吧！如果是花蕾還在生長的時候，就等東亞蘭開花盛開後，先把花枝剪下來，再換盆。兩到三年換盆一次比較好，換盆的時候要先修整植株。為了每年都能欣賞到花朵，在需要換盆的年分，應儘早換盆。

Q 如何處理老球莖？

長年栽植的東亞蘭有很多老球莖，如何處理比較好？

A

東亞蘭的老球莖在葉子落盡後也能存活很多年。如果對這些老球莖置之不理，植株會變大，形狀將變得難看。在兩年一次的換盆中，把掉盡葉子的老球莖剪掉，這樣就能讓植株保持漂亮的形狀。

東亞蘭的換盆

❶ 從花盆裡拔出植株，用塑膠槌敲落介質。

❷ 剪掉三分之一的基部。

❸ 用手拿著沒有新芽的一側，在盆內倒入混合介質。

❹ 用細木棒把混合介質搗入基部的空隙處。

❺ 用手使勁的按實混合介質，使東亞蘭牢固地栽進花盆裡。

❻ 換盆完成。

Sarah Jean 'Ice Cascade'

如果想把東亞蘭栽植在較小的花盆內欣賞，在換盆的時候，就從最新的球莖中保留三到四個，其餘的全部剪掉。

如果想用較大的植株栽植，讓東亞蘭可以同時開幾枝花，只需切掉一到兩個舊球莖，把剩下的球莖直接栽植。雖然說這樣就能長出比較大的植株，但五、六年後，在中心就會殘留沒有葉子的球莖。但這也是不得已的事情，因為株形亂了就必須分株，以去掉舊的球莖。

Q 可以用淺花盆栽植嗎？

市面上販售的東亞蘭都是用較深的花盆栽植，可以使用較淺的花盆栽植嗎？

A

相較於其他種類的蘭花，東亞蘭都是用較深的花盆來栽植的，這是考慮到讓東亞蘭粗長的根系可以在花盆內充分伸展的緣故。用較淺的花盆栽植，並非不可以，只是根系在用力伸展時，經常會使植株從花盆裡慢慢隆起。相較於高的花盆，用淺花盆栽植時，直徑稍大的花盆可以讓基部更充分地伸展，植株長勢會很好。但是，由於東亞蘭植株本身就很高，所以栽植在高的花盆裡看起來也會比較美觀。

Q 當葉子造成困擾時，該怎麼辦？

入秋後，本想把花株搬入室內，可是由於葉子太大不好搬，可以把葉子綁起來搬移嗎？

A

當葉子伸長長大後，東亞蘭的體積就會變得很臃腫，特別是大花系的植株，因為塊頭大，搬動起來很令人頭痛。往室內搬的時候，雖說葉子大很

Prunus lannesiana 'Mollis'

雜亂，但還是儘量不要把葉子綁起來，迫不得已的時候也不要綁得太緊，寬鬆地綁起來就可以了。

東亞蘭喜歡葉子經常被風吹拂，隨風搖動。如果綁起來通風不好，葉子和球莖就很容易遭受介殼蟲等蟲害。一旦感染了介殼蟲害，以後就很難消除了。

Q 球莖枯萎了，怎麼辦？

球莖枯萎生皺褶，葉子也低垂了，雖然澆了水，但還是無法恢復，是什麼原因呢？

A

如果澆水了卻出現這種狀況，大概是由於基部腐爛的緣故。但季節不同，當然也有各種不同的原因。假如在春季換盆前後出現這種情形，大約是由於在新根充分伸展前澆水過度所致。在盛夏時節出現這種情況，也是由於澆水過量所導致的。

一般來說，夏季是要每天澆水的，但對那些入春後基部生長仍然不充分和換盆太晚的東亞蘭來說，這種澆水頻率是很容易導致球莖枯萎的。入秋後到冬季的這段時間也很容易出現這樣的情形，所以這段時間內應該逐漸減少澆水量，因為氣溫一降低，土壤澆透水後就很不容易乾燥，基部就會腐爛，植株會逐漸失去生氣，有這種情況的植株就必須馬上換盆。把東亞蘭從花盆內拔出，去除全部介質後，查看基部的情況，大多數的情況是基部多已腐爛。要修整腐爛的根和變成茶色的葉子，就要把植株放入小花盆，加上新的栽植介質，等候萌發新根。

在入秋到冬季這段時間，如果不把東亞蘭搬入室內，就會導致東亞蘭乾枯。即使換盆後也不能立刻恢復原樣，需要精心栽植兩到三年才能恢復原有生機蓬勃的樣子。

Silky Perfume 'Hanaakari'

Carioca

Q 葉子背面為何有白色粉末？

在葉子背面和球莖處附生了像白色粉末的東西，這是病蟲害嗎？要如何驅除？

球莖上的介殼蟲。

A

附生的大概是一種叫做介殼蟲的小蟲。介殼蟲一般附生於葉子的背面、球莖和葉子的基部等處，從植物體內吸收水分和養分。如果置之不理，就會繁殖到顏色變成雪白的程度，植株經常因此乾枯。當你在葉子背面發現一些蟲時，先用柔軟的布將牠們擦掉，再噴灑專門的介殼蟲殺蟲劑。

如果整盆花都有介殼蟲，旁邊的植株肯定也遭受介殼蟲害了，要噴灑充分的藥劑，包括旁邊植株葉子的正反面、葉子和球莖的基部。兩週後再檢查，如果還有介殼蟲，就再噴灑殺蟲劑。

Mastersii

Q 附著於花蕾上的露水是什麼？

在東亞蘭的花蕾上有像露水一樣的東西，並不是噴水後留下的水珠，請問那是什麼？

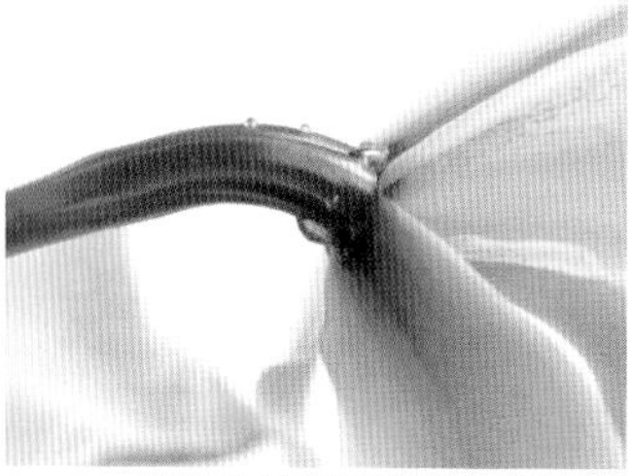

從花的基部蜜腺處分泌出來的花蜜。

A

那是從花蕾裡分泌出來的花蜜，不必驚慌。如果沒有噴灑農藥，嘗嘗看也沒有問題，根本沒有必要花功夫把它擦掉。如果分泌的花蜜太多，花蜜乾了之後往往會發霉，稍稍擦掉一些會比較好。

蝴蝶蘭

蘭科朵麗蘭屬和蝴蝶蘭屬雜交而成的朵麗蝶蘭屬

	開花期	放置場所（遮光率）	澆水	肥料	主要作業
1月	依栽植條件不同而有所差異	室內（明亮的地方）	稍乾（冬季室溫高時，不要太乾）	最低溫度20度以上時，施用液體肥料	
2					
3					
4				液體肥料	
5			一般	固體肥料、液體肥料	換盆
6		戶外（50～60%）			
7			稍多		
8					
9				液體肥料	
10		室內（明亮的地方）	稍乾（冬季室溫高時，不要太乾）	最低溫度20度以上時，施用液體肥料	
11					
12					

Q 蝴蝶蘭的名字是何意？

本以為買的是蝴蝶蘭，卻發現貼著 Phalaenosis 的標籤，這是兩種不同的植物嗎？

A

蝴蝶蘭的植物學屬名是 Phalaenosis，所以是完全相同的植物，在花店這兩種稱呼都有。蝴蝶蘭的英語是Moth Orchid（蛾蘭）。據說在明治時代這種蘭花傳入日本，「蛾蘭」這種直譯法聽起來不怎麼文雅，就改取了個意含蝴蝶翩翩飛舞的名字——「蝴蝶蘭」。

最近，美國和英國也將它定名為 Butterfly Orchid。果然，美麗的花都想有個優雅的名字。

白色大花蝴蝶蘭

Q 為什麼花芽沒長大就死掉了？

每年十一月份左右，花芽開始抽出、花蕾膨大，卻不開花，也充分澆水了，這到底是怎麼回事呢？

A

這種情況大多是由於花蕾剛冒出時，氣溫驟然降低受了寒害，導致花蕾不能綻開。通常，午間的氣溫可以充分滿足蝴蝶蘭的發育，白天花蕾也會長大；但夜間溫度一降低，花蕾受衝擊變黃、凋謝，在這種情況下，即使充分澆水也無濟於事。

冬季花莖開始伸長，花蕾開始膨大時，在充分澆水的同時，如果不能保證夜間溫度在攝氏十五度以上，就不可能順利開花。在稍低溫度下栽植的蝴蝶蘭，等到花蕾開始膨大時，也要把它挪到暖和的地方，好讓它開花。

Q 如何保持溫度？

冬天想把蝴蝶蘭放在電熱毯上，讓它暖和些，請問可以嗎？

A

雖然蝴蝶蘭喜歡溫暖的環境，但電熱毯弄濕後容易漏電，這樣很危險。基於安全考慮，栽植蝴蝶蘭時請不要使用電熱毯。

坊間有販賣園藝專用、具保溫效果，而且弄濕後也不會有安全問題的電熱器，它們大多標註以金屬板電熱器和配電盤電熱器等名稱來販售，適用於小範圍內的保溫。放上植物後，附近的場地很容易被打濕，所以一定要用專門的器具。如果把園藝用的電熱器和帶開關能感知溫度的保溫箱組合使用，效果會更好。如果需要提高栽植蝴蝶蘭的溫度，就請使用這種器具。

另外，如果直接把花盆放在金屬板電熱器上面，溫度會過高，而且水分很快就會蒸發變乾，且經常會因為溫度過高而傷及植株，所以要做一個矮架子或棧板，把電熱板放在架子下，再把蝴蝶蘭放在架子上。

使用金屬板電熱器時，把花盆放在有空隙的棧板或矮架子上。

白色大花蝴蝶蘭

Q 迷你蝴蝶蘭的耐寒性如何？

聽說小型蝴蝶蘭的耐寒性要強於大型的蝴蝶蘭，它的耐寒性到底能到什麼程度呢？

A

最近市面上逐漸增多一種稱為「迷你蝴蝶蘭」的小型蝴蝶蘭，據說耐寒性很強。相較於一般的蝴蝶蘭，它的確稍微耐寒些，但還是不敢把它和東亞蘭一起放在寒冷的房間內同時栽植。所謂的耐寒性強，如果最低溫度不能保持在攝氏十度左右，植株就會逐漸衰弱。請記住，迷你蝴蝶蘭只是比較耐低溫，但絕不是性喜寒冷的蘭花。

Doritaenopsis soumapurple

Q 放在溫室裡，為何花蕾卻凋謝了？

在有加溫裝置的小型溫室內栽植蝴蝶蘭，溫度和濕度絕對符合要求，但花蕾卻凋謝了，這到底是什麼原因？

A

用溫室和室內溫床等可加溫的設備栽植蘭花，溫度可交由機器設定，這樣的確很省事。可是，植株很順利地抽芽了，就在花蕾馬上要綻開的時候，卻經常發生花蕾突然變黃凋謝的情形。明明澆水很充分，濕度也足夠，溫室內的換氣風扇也一直都在運轉，可是花蕾卻凋謝了，真是不可思議！

花蕾凋謝的最大的原因，在於溫室和室內溫床的溫度。夜間的最低溫度由加熱板自動加熱調控，這一點沒必要擔心，問題就出在有日照的午間時段，小型溫床往往溫度急遽上升，花蕾受高溫後即變黃凋謝。所以，使用小型溫室和溫床栽植時，為了避免午間溫度急遽上升，一定要打開天窗，傍晚時再關上。

Q 為什麼不開花？

在溫暖明亮的室內窗邊栽植蝴蝶蘭，明明植株發育得很好卻一直不開花，是什麼原因呢？

A

如果生長的環境溫度過高，蝴蝶蘭是不會開花的。在高樓層公寓培植蝴蝶蘭，室溫往往在攝氏二十五度左右，所以很難開花。

只有溫度在攝氏十八度左右，並維持二至三週的情況下，才能抽出花芽。所以，若是一般家庭栽植，常於春末秋初時抽花芽，其後三個月左右時間內花芽會伸長、開花。在溫暖的室內栽植蝴蝶蘭，植株確實會長得很壯實，卻經常缺乏花芽分化所需要的低溫環境。在春、秋季節，只要把蝴蝶蘭放在溫度稍低的地方，花芽就會抽出。請試試看！在溫暖的室內栽植蝴蝶蘭，只要記住抽花芽的訣竅，就能年年開出很好的花朵。

請記住，蝴蝶蘭性喜溫暖的環境，但也要時常地把它放到稍微涼快的地方喔！

Ever Spring King 'King'

Q 組合種植時該如何澆水？

收到了合植的蝴蝶蘭，卻不知道該澆多少水才合適？

A

因為是要做為禮物，因此花店往往都是把帶塑膠盆的花株，兩到三盆一起放入瓷質盆器裡，所以，澆水是很麻煩的。大致上，給蝴蝶蘭澆水時要充分，等它稍乾後，再澆水，如此反覆。把放在花盆上面、整理得很乾淨的水苔稍微撥開一些，這樣就能看到中間的塑膠花盆，也就能很容易看出花株主幹的狀況和該澆水的地方。澆水時必須分別倒入各個花瓶內，雖然這樣會讓花看起來有些凌亂，但如果一直這樣管理，就不會影響到植株的生長。

另外，有時候合植會出現水分很難乾的情況，充分澆水一次後，下一次澆水的時間要間隔久一點。間隔時間的長短，受放置地點的溫度所左右。溫度高的地方，水分乾得快，澆水的間隔就短；溫度稍低的地方，往往兩週左右都不用澆水。

Q 何時該施肥？

開始栽植蝴蝶蘭了，施肥是一定要的吧？什麼時候施肥合適呢？另外，施什麼肥才好呢？

A

施肥最恰當的時期，是在蝴蝶蘭生機勃勃的生長期。植株上冒出的小葉子，會從初夏到盛夏這段時間使勁地伸長，所以施肥要以這段時期為重心。初夏時，把固體肥料施於蝴蝶蘭的基部，之後每週施一次液體肥料。八月初到中旬這一盛夏時期不要施肥，九月份整個月都要施肥。

另外，施肥的量也因肥料的品種類而有所差異。必須好好閱讀肥料的說明書，固體肥料就要按照固定的量施用；液體肥料就按照規定的倍率稀釋後施用。

如果氣溫開始下降，就停止施肥，只澆水即可。但如果在溫暖的室內栽植，即使在隆冬季節也要施肥。如果夜間室溫在攝氏二十度以上時，那麼，即使是在冬季，也要兩週左右施一次稀釋得稍微淡薄的液體肥料，這是因為溫度比較高，新葉會繼續生長，所以需要持續施肥。

Taida Smile

Q 何時該換盆？

冬季時，蝴蝶蘭的花凋謝了，打算進行換盆，什麼時候實施比較好呢？

A

從氣溫稍稍升高的春末到初夏這段時期，對蝴蝶蘭進行換盆，基本上不會失敗。如果在初春進行換盆，往往會因為溫度還低，而導致基部不能伸長。所以，五至七月初這段時間最適合換盆。

如果必須在秋季換盆，就要趁溫度還高的時候換盆。提早換盆是考慮到讓基部在寒流到來前儘量伸展開來。

往後收到組合種植的花禮，就要在花開始凋謝時，一盆一盆地換盆。雖然適合這樣換盆的時期比較少，但相較於把它放在一旁置之不理，還是一株一株地換盆，較有利於它的生長。如果必須在冬季到初春這一段時間換盆，則要儘量把換盆後的植株放置在溫暖的地方。

蝴蝶蘭的換盆

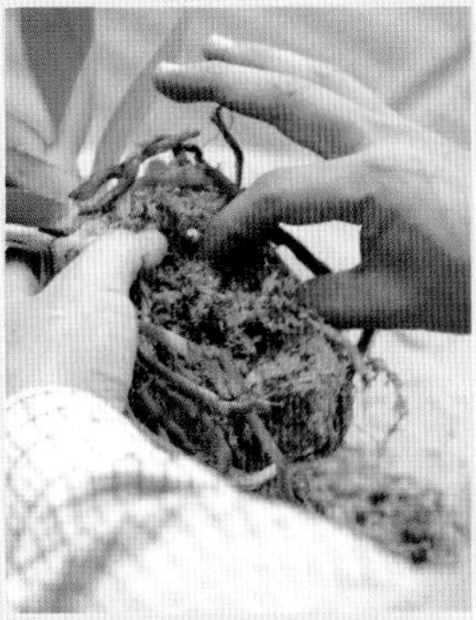

❶ 把植株從花盆中脫出，去掉水苔。

❷ 摘除變黑和受傷的根。

❸ 在基部的內側塞入水苔團。

❹ 用水苔包覆根的外側，包覆至比花盆直徑稍大的程度。

❺ 把植株塞進花盆內，用竹片平整表面。

❻ 換盆完成。

Q 如何繁殖蝴蝶蘭？

我想繁殖喜愛的蝴蝶蘭，但不知道繁殖的方法，請問要如何進行呢？

A

蝴蝶蘭基本上是直立的單莖洋蘭。所以，不能像東亞蘭那樣簡單地繁殖。

如果從發育肥壯的母株基部分出腋芽，便可以進行繁殖。但是，如果在腋芽太小時就剪下來，腋芽就不能發育生長。必須要等到葉幅（葉子左端到右端的長度）達到十五公分，確認基部充分伸展後，再開始剪。除此之外，還可用由花芽長成的高芽來繁殖。但高芽很難長成，所以才說蝴蝶蘭的繁殖是很難的。

現在花店裡大量販售的蝴蝶蘭，都是用分生組織（組織培養）技術大量繁殖培育的。這種方法是從優良的植株中提取組織的一部分，利用特殊的培養設備繁殖，這不是在家庭中可以輕易實施的方法。

蝴蝶蘭的腋芽（上）和高芽（下）

Q 花莖要從哪裡開始剪？

蝴蝶蘭的開花期完成了，聽說要剪花莖，但不知道該從何處開始剪，可以全部剪掉嗎？

A

對於蝴蝶蘭，如果從花莖中段修剪，留下的節位處還可以分生出新的花芽，這種方法稱之為「剪枝」，可以作為促生二次花開的方法。

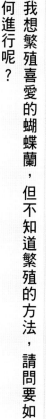

剪枝時，先要確定植株的狀況良好，如果厚實的葉子有四片以上，並且健挺有力，剪枝就沒什麼問題。把花莖從基部二至三節以上處剪掉，從留下的節位處就可以分生出新花芽，雖然未必保證絕對可以分生出新花芽，卻是開二次花最簡單的方法。

如果植株的葉片數少，且葉片下垂沒什麼生氣，就要把花莖從基部剪掉，先使植株恢復生氣。在植株狀況不太良好的情況下，剪枝也是可以分生新芽的。但是，如果弱小的植株上分生出新芽，開花時，會經常發生植株衰弱乾枯的情況，所以一定要注意。

從留下的花莖節位抽出新花芽，開出二次花。

把花莖從節位二到三節上方處剪掉。

Q 葉子為什麼枯萎了？

培植介質上的水苔是濕的，但葉子卻萎軟了，是什麼原因呢？

A

如果澆水很充分，葉子卻沒有生氣，可能是根腐爛了。

蝴蝶蘭的基部喜歡乾濕交替（即澆透後，等待介質表面乾了再澆下一次水，盆內不滯留水），如果澆水過度，基部沒有乾燥的時間，就會逐漸腐爛，沒有健全的基部，蝴蝶蘭當然就不能吸收水分。一旦植株體內沒有水分，葉子中的水分也就隨之減少，逐漸萎軟。

如果再置之不理就會乾枯，所以最好早點動手治療，在植株體內水分完全變乾之前進行換盆。由於基部完全腐爛，所以需用小瓦罐加上水苔栽植，不要澆水，可以用噴霧器充分噴水，等待新根長出來。如果新根長出後可以吸收水分，就代表有救了，如果在此之前葉片已經落光，就為時已晚了。

Jiuhbao Sstream 'Cherry Whisper'

Q 為何花枯萎，葉片也凋落了？

蝴蝶蘭的花朵枯萎了，葉片也逐漸落盡，明明管理得很好，會是什麼原因造成的呢？

A 嚴冬時節經常發生這種情況，主要的原因是寒害所引起的。如果蝴蝶蘭受到低溫侵襲，花朵就會突然枯萎。隨後，葉子在數日內變黃、下垂，然後就凋落了。大致上遇到攝氏五度以下的低溫侵襲，就會發生這種情況。在稍微低於攝氏十度時，植株會開始慢慢發生這種變化。無論是在哪種溫度情況下，如果葉子全部落盡，就沒救了。

收到蝴蝶蘭的花禮後，如果發現植株萎軟，往往是由於快遞公司沒有對植物實施溫度管理，在運輸中受寒害所致。在嚴冬時節如果要贈送蝴蝶蘭，一定要注意。

Q 葉子中央為何變黑褐色了？

天氣變得十分溫暖了，就把蝴蝶蘭搬到戶外，但葉子中央部位卻變成了黑褐色，這是病害嗎？

A 葉子變成黑褐色，基本上是葉子被曬傷了。如果葉片有乾的感覺並且變色，就表示不是病害，而是被曬傷了。在初夏到盛夏這段日照強烈的時期，經常發生這種情形。

一旦葉子被曬傷就不能復原，所以一定要注意。

基部受傷，下方的葉子變黃。

被曬傷的葉子。

當日照逐漸強烈後，要罩上遮光網，以減弱強烈的日照。盛夏時的遮光率以百分之五十至六十為宜。另外，葉子的中央往往容易滯留水分，這些水分受陽光照射後會變熱，就會發生和葉子被曬傷後的同樣症狀。所以，澆水後一定要注意葉子上是否有水分滯留。

葉子曬傷後的確有礙觀瞻，但只要葉尖還翠綠且結實，就不要剪掉它。

Q 為什麼根往上伸？

蝴蝶蘭的根伸出介質表面，往上伸長，這是什麼原因？怎麼處理比較好？

A

這是由於花盆內經常滯水不乾所導致的。當栽植介質使用時間過久，或把新的栽植介質壓得太緊時，往往就會出現這種情況。

蝴蝶蘭的根喜歡乾濕交替的環境，如果花盆內經常是濕的，盆內的根就容易腐爛。從植株上部分出的根，正因為討厭花盆內潮濕的環境，才會向花盆的上方伸長。特別是在夏季，向外伸出的根就會一股勁地伸長。

這不是什麼好現象，建議早點換盆，並採取盆內乾濕交替的正確澆水方法。

Hsinying Hole ' Popcorn'

Q 葉子背面的顆粒物是什麼？

發現葉子的背面有很多淡褐色的顆粒物，那是什麼呢？置之不理可以嗎？

A

這這應該是一種介殼蟲。附生於洋蘭上的介殼蟲有很多種，但附生於蝴蝶蘭的大多是這種淡褐色帶有硬殼的介殼蟲。介殼蟲會吸取蝴蝶蘭體內的養分和水分，使植株長勢日益衰弱。雖然發現只感染一點點，但周圍一定也都被感染了。

發現感染介殼蟲後，要馬上以柔軟的布將牠輕輕擦去，然後噴灑介殼蟲專用的殺蟲劑。只噴灑一次通常很難杜絕蟲害，要每兩週檢查一次，根絕介殼蟲害。殺蟲劑有很多種，有溶於水作噴灑用的，也有顆粒狀撒於基部的，無論哪一種都不是絕對有效，建議同時使用，會更有效。

附生在蝴蝶蘭上的介殼蟲。

另外，在用藥的時候，必須仔細閱讀內附的說明書，要使用那些寫明適用植物為花木、洋蘭類、蝴蝶蘭的藥物。

Sogo Manager 'Nina'

Bellina

石斛蘭（春石斛系）

蘭科石斛蘭屬

月	開花期	放置場所（遮光率）	澆水	肥料	主要作業
1月		室內（明亮的地方）	花蕾伸長時要充分		
2	開花期	室內（明亮的地方）	花蕾伸長時要充分		
3	開花期	室內（明亮的地方）	花蕾伸長時要充分		換盆・分株
4	開花期	戶外	一般	固體肥料、液體肥料	換盆・分株
5		戶外	一般	固體肥料、液體肥料	
6		戶外	一般	固體肥料、液體肥料	
7		戶外（30～40%）	較多	固體肥料、液體肥料	
8		戶外（30～40%）	較多	固體肥料、液體肥料	
9		戶外（30～40%）	較多		立支柱
10		戶外	稍乾		
11		戶外	稍乾		
12		室內（明亮的地方）	稍乾		

Q 花根為何向花盆外面伸長？

用小花盆栽植石斛蘭中的春石斛系，四周冒出了很多花根，可以不處理嗎？

A

春石斛蘭原種是典型的附生蘭，在原產地是用根牢牢地抓住樹木枝幹生長發育的，所以它的許多根都會伸長，以便牢牢抓緊樹幹。用這種原種雜交而成的雜交種，根系也同樣發達。要是用盆子栽植，往往根還沒有伸長到花盆的中央位置，就會從花盆四周鑽出許多根來。

根系若很有生命力地伸長，表示植株很健康，建議你不要管這些鑽出來的根。但如果鑽出來的根太多，影響花盆的穩定時，就連根放入大兩圈的花盆裡，以維持花盆的穩定，讓它不要歪倒。澆水時不能只澆花盆內，也要給伸到花盆外的花根充分澆水，以防這些露出來的花根變乾。如果空氣中濕度太低，露出的基部就容易受傷，所以冬天的時候，不僅要給這些根澆水，還要經常用噴霧器噴水。

Sea Mary 'Snow King'

Yasuko Sugiyama'Tiger'

Q 改良品種的開花習性差異很大嗎？

栽植了石斛蘭，有今年長出球莖開的花，也有前年長的球莖開的花，這有什麼不同嗎？

A

這是由於品種改良後，開花習性有所變化所致。最近的新品種都是在春季發新芽，秋季球莖成熟，然後開花。以前的品種是在春季伸出球莖後，在第二年的秋季開花。兩者的栽植方法基本相同，只是有些當年開花，有些第二年才開花。

依據品種來區分是很困難的，最好是在栽植時同時做記錄，來研究這種花的特性。把新長出卻沒有馬上開花的球莖切開後，往往可以發現球莖裡面根本就沒有花。所以，還是請耐心地等待它開花吧！

Q 花色為什麼變了？

明明買的是粉色的石斛蘭，可是第二年開出的卻是白色的花。這是什麼原因呢？

A

春石斛系在開花時，經常因日照和溫度而發生微妙的變化。特別是粉色系的花，開花時如果溫度高日照不足，開出的花常常就會發白。因為石斛蘭比較耐寒，所以如果溫度較低且日照充足，就會開出顏色很棒的花。

如果中午的室溫在攝氏二十五度左右時，開出的花顏色往往稍淡。所以，在開花的時候，要讓溫度維持在攝氏十到十五度左右，並且提供充足的日照。

Lovely Virgin 'Angel'

Q 越冬時的最低溫度幾度才適合？

聽說春石斛系是十分耐寒的洋蘭，栽植時的最低溫度多少才合適？

A

春石斛系的原產地是在十分嚴寒的喜馬拉雅山地區，經過改良的雜交種也有這種特性。如果栽植溫度在攝氏五度左右，是絕對沒有問題的。即使低到攝氏二至三度，大部分的植株也都不會發生狀況。只要沒有什麼大的問題，植株就不會受到傷害。石斛蘭不僅很耐寒，而且也耐夏季的酷暑，所以，不必在溫度上費心思，只需注意日照、澆水、施肥就好。

Q 有什麼方法可以開出很多花？

要怎樣才能使石斛蘭開出很多花呢？聽說石斛蘭不需要施什麼肥料，所以基本上我沒有施肥。

A

想使石斛蘭開很多花，最基本就是要使植株結實粗大（球莖）。球莖要發育得好，重要的是，要有長且充足的日照，春天中旬到七月下旬也要施足夠的肥料。

新芽冒出後，如果沒有充足的光照，就會變得很弱小。冬末春初是新芽開始冒出的時節，等到發現新芽冒出後，就要考慮提供植株日照充足的場地。因為春石斛蘭系，耐寒性強，所以早春的時候可以把它移到戶外曬太陽。

Winter Mountain'Emiyamamoto'

春季過半之後，把固體的發酵油粕等放到花的基部，以後每個月換一次，直到七月。如果是緩效性化肥，在春季施肥一次就足夠了。春末後，也要一起使用液體肥料。液體肥料的稀釋倍率，需要根據產品的不同而有所差異，所以要仔細閱讀說明書，按照基本的稀釋比率，每週施薄肥一次。到七月下旬為止，固體肥料和液體肥料就要停止施放。

如果培植順利，秋初後球莖會開始變粗大，入冬後球莖就完全圓鼓。球莖在發育時如果遇冷，就會開始萌發新芽，在冬初時要保持花盆內乾燥，一直等到霜降後再把它搬入室內，這樣鼓脹肥大的球莖就會生出很多花芽。搬入室內後，也要保持花盆內乾燥一段時日，等花芽從球莖內伸出後，再充分澆水等待開花。

Q 要剪掉開花後的球莖嗎？

花開的時間很長，可以一直欣賞到春初，但聽說開過一次花的球莖就不再開花了，是真的嗎？

A

開過花的春石斛系，其球莖節位上不會再次開花了。但開過花的球莖上如果還殘留著沒有開過花的節位，這些部位則還有可能開花，而開過花的部位就不會再開花了。

雖然很想把開過一次花的球莖剪掉，但剩下沒開過花的球莖卻還能生出新芽。如果剪掉開過花的球莖，就不能育出新芽，所以一定要把球莖留下來。

Q 舊球莖要如何處理？

栽植的植株上全是球莖，要把舊球莖留到什麼時候呢？不能剪掉嗎？

A

如果長年栽植春石斛系，就會長出很多球莖。雖然是舊球莖，但那些呈淡褐色且堅硬結實的球莖裡面有充足的養分，所以這些球莖不能剪掉。如33果球莖呈黃色且觸摸時發軟，就用消過毒的剪刀把球莖從基部剪掉。如果置之不理，它們就會變得乾巴巴，用手一碰就會掉下來。

舊球莖太多有礙雅觀，但實際上，這些球莖保持了植株的元氣，這是每年開花的祕訣，所以不要輕易地剪掉。

Newstar 'Red River'

Comet King 'Akatsuki'

Q 開花時可以換盆嗎？

聽說在春季換盆比較好，但如果植株有很多花蕾，不等花蕾開花就換盆這樣好嗎？

A

這是長年栽植後必然出現的問題。在需要換盆的春季，卻恰巧要開花了，令人常常為此頭痛，不知如何是好。

出現這種情況時，可以讓好不容易伸出的花蕾開花，欣賞兩週左右。雖然花期本來可以欣賞很長一段時間，但在需要換盆的時期還是要先換盆，以消毒過的剪刀，把盛開的花儘早剪掉。如果等到花謝後再換盆，就錯過了必須換盆的時期，往往導致第二年不開花。如果想讓植株明年休息不開花，就讓花一直盛開，等到花謝後再換盆也未嘗不可。到底怎樣才好呢？的確是件惱人的事！

Q 多久要換盆？

隔幾年換盆一次好不好呢？現在不想看到生長惡化等壞影響出現。

A

春石斛系必須二至三年換盆一次。因為如果長年栽植，花根就會擠滿小花盆，一旦太擁擠，就會影響到植株的生長，所以必須二至三年就換盆一次，同時更換栽植介質和花盆。栽植介質最好混合水苔、樹皮、浮石；如果使用水苔栽植，就要用素燒花盆；若是使用混合介質，就要用塑膠花盆。使用這兩種方式，都能使石斛蘭很好地生長，但如果用混合介質栽植，澆水的次數和量要多一些。植株還小的時候，要換盆多次後，才能長出既漂亮又高壯的植株。如果球莖長出十五到二十個後，最好進行分株。

春石斛系的換盆步驟

❶把植株從花盆中脫出，撥掉介質，弄斷少許根不會影響生長。

❷剪掉三分之一的基部。

❸在基部內側塞入少量水苔團。

❹用水苔包覆根的外側，包覆至比花盆的直徑稍微大的程度。

❺把植株塞進花盆內，用竹片平整水苔表面。

❻立支柱，使球莖直立。

Q 為何會冒出很多高芽？

石斛蘭上冒出了很多高芽，是什麼原因呢？不動它可以嗎？

A

如果春石斛系的植株養分過剩，就會導致基部的狀態變差，冒出很多高芽。另外，如果秋季到冬季期間的溫度過高，也會冒出很多高芽。

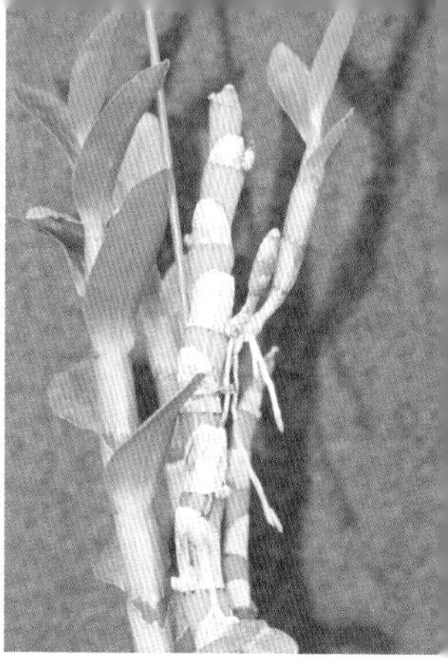
石斛蘭的高芽。

如果不處理這些高芽，植株就會漸漸倒伏，建議把這些高芽摘取下來栽植到別的花盆裡去。摘取高芽最適合的時間是在它伸出小的球莖，且長出很多根的時候。最好是在春季換盆時摘下來，用填充水苔的素燒花盆栽植。因為高芽很小，所以最好是二至三株一簇栽植。

高芽太多絕非什麼令人高興的事。植株養分過剩時，在本來應該長出花芽的地方卻長出了高芽，便直接導致不開花，這往往是由於持續施肥到秋末所引起的。由於肥料太多，養分增長過快，因此冒出高芽。所以，為了預防此類情況的發生，只能在春季到七月下旬這段時間施肥，入秋後就不要再施肥了。

如果基部的狀況惡化，基部腐爛時也會導致冒出很多高芽。此時，母株大多會變得細瘦且皺巴。如果基部的新芽很難冒出，反而在球莖的節位冒出了新芽，這是植株要繼續存活下去的跡象。這時要摘掉高芽另植他處，以求高芽長大，使植株重生。期望母株重生，基本上是不可能的，還是放棄的好。

如果從秋初到冬季這段時間氣溫過高，最好把花挪到氣溫比較低的室內去。如果達不到秋末時的溫度，就無法長出花芽。如果能在攝氏十度以下保持一個月，就能長出很好的花芽。反之，高芽就會長不多。

Q 球莖彎曲伸長，怎麼辦？

明明石斛蘭很有生氣地生長著，但球莖卻沒有直立伸長，怎麼辦才好呢？

Green Surprise

A

春石斛系球莖的基部有些細長，上部長得鬆軟粗大。所以，如果在生長過程中上部逐漸開始變重，植株便會逐漸傾斜，基部弱小的品種就會傾倒到一邊。另外，由於新芽並非自然地直立伸

Oriental Smile 'Twilight'

長，開始肥大的球莖也會變得有些彎曲。不管哪種情況，如果放任不加管理，春石斛系球莖就會變得軟綿綿的，並倒伏在一旁。

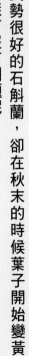

為了預防這種情況的發生，在新芽伸長、球莖開始肥大的盛夏到秋季這段期間，應架起直立的支柱，導引新芽生長。新芽隨著秋季的加深而逐漸變粗，就要用塑膠繩子將其寬鬆地固定住。如果帶子繫太緊，新芽長成到球莖的模樣後，帶子就會扎進肥大的球莖裡面，甚至將球莖勒斷。因為春石斛系的球莖是往上伸長的，所以最好平均每個球莖用塑膠繩子固定三到四個位置。短時間內就能達到引導、固定的作用，使植株很好地直立生長。

架立支柱

新芽開始長粗時，要架立筆直的支柱，用塑膠繩固定，一個球莖平均固定三到四個地方，繩子要繫鬆些。

Q 在秋季開始落葉了，怎麼辦？

原本長勢很好的石斛蘭，卻在秋末的時候葉子開始變黃凋落，這樣有沒有問題呢？

A

春春石斛系落葉是自然現象，大可不必擔心。

春石斛系屬於落葉性洋蘭。春季伸出新芽，初夏的時候展開大量葉子，隨後長出粗大的球莖。光潤有生氣的葉子到了秋季中旬後，會突然開始變黃，幾天後便開始凋落，這是由於球莖已儲足了養分，葉子的使命已完成所致。葉落後，從節位處就會長出花芽。最近的新種落葉期往往很晚，市面上販售的一些花盛開了，卻還有很多葉子的品種，這是由於種和栽植方法的差異所致。家庭栽植的情況一般都是落葉後再開花。

Q 為何葉子上有黑點？

葉子上出現很多黑斑，這是什麼病害嗎？如果是病害，應該怎樣治療才好呢？

A 入秋後，葉子上常會出現黑斑，這被稱之為「黑斑病」。要趁其沒有蔓延開來時，立即把有黑斑的葉子摘除，並噴灑適用的殺菌劑。

春石斛系屬於入秋後就掉葉的洋蘭，所以，在秋季摘掉葉子也不會對植株產生很大的影響。黑斑病是春石斛系經常發生的病害，不須過分擔心，只要噴灑殺菌劑抑制病害的蔓延即可，大可不必過度小心。

有黑斑病的石斛蘭。

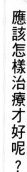

石斛蘭（其他）

蘭科石斛蘭屬

月份	開花期	放置場所（遮光率）	澆水	肥料	主要作業
1月		室內（明亮的地方）	稍稍乾燥		
2	依栽植條件不同而有所差異				
3					換盆・分株
4		戶外	一般	固體肥料、液體肥料	
5					
6					
7		戶外（30～40%）	較多		
8					
9					
10		戶外	稍稍乾燥		
11		室內（明亮的地方）			
12					

Q 如何區分石斛蘭的系統？

因為喜歡石斛蘭，就去找了相關資訊，發現「燈籠石斛系」等陌生的名字，這是什麼呢？

A

石斛蘭屬是洋蘭當中種類比較多的一個屬，原生種分布區域很廣，植株的形狀和開花的方式也各不相同。把形狀各不相同的都歸於石斛蘭屬，是為了容易理解，最近，根據原產地和植株的形狀、開花的方法，把石斛蘭屬又分成了幾個系統。

目前僅僅是植物學家就有不同的意見和說法，並沒有清楚區分，最近經常使用的是黑毛石斛系（原產於東南亞，球莖生有細小的黑毛）、燈籠石斛系（主要原產於東南亞，是一串一串開花的品種）、寬口石斛系（主要原產於新幾內亞）等系。

這是個有些難度的問題，等系統分清楚之後，那些至今不太清楚的珍稀種的栽植方法可能也會解釋清楚的。

spectabile

Q 如何讓燈籠石斛系開花？

很喜歡燈籠石斛蘭的花，因此買回家栽植，可是到了第二年並沒有開花，怎麼樣才能開花呢？

A

春季到初夏期間，會開出很大一團花的燈籠石斛，往往讓人留下很深的印象。有同樣開花形態的，還有黃色、粉紅色的種類等，這些是總稱為「燈籠石斛系」的石斛蘭屬。

想讓這些花開得漂亮，最重要的就是日照。如果日照不足，就不會開花。從春季到秋末，要給予長時間且強度大的日照。為了防止葉子被曬傷，盛夏時節要遮陽；從秋季到冬初這段時間，要保證低溫。因為石斛蘭可以耐攝氏三至五度的低溫，所以在嚴寒到來之前，最好把花放在戶外。戶外的溫度低於攝氏十度後，基本上就不用澆

thyrsiflorum

水了。如果能依循此方法照顧，搬入室內後栽植，春季冒出花芽的機率就很大。

如果無論怎麼照顧就是不開花，可能停止施肥後情況就會好轉。因為如果施肥過量，往往會導致不開花。即使自以為施肥不多，但由於花盆中的栽植介質中仍蓄積了很多的養分，這就等同於施肥過量了。只要栽植時注意以上要點，就會開花的。

Q 如何照顧下垂性的石斛蘭？

買了球莖下垂的石斛蘭，但是，讓它一直這樣下垂好嗎？

A

石斛蘭的球莖是下垂生長的，開花也很多。因為下垂會顯得比較雜亂，所以經常看到販售的石斛蘭都是被強制性地綁在支柱上的。石斛蘭原本就是附生於較高大樹木上的，所以球莖長長地向下生長的品種比較多見。

栽植這些種類的石斛蘭時，要使它保持自然的狀態。如果有日照好且可供懸掛的場地，就讓它下垂；如果沒有可供懸掛的場地，就採用與栽植其他種石斛蘭同樣的方法，把它立在支架上栽植也是可以的。這個時候，下垂的球莖往往會蓋到其他石斛蘭的上，所以要把它綁在支柱上。下垂栽植時，往往比放置在支架上栽植時水分乾得快，所以澆水要稍多些，次數也要頻繁些。

也可以把下垂栽植的石斛蘭從花盆中脫出，把它綁在軟木板和蛇木板上栽植，如此就更能欣賞到接近自然的感覺，另外，因為球莖大多都很柔軟，可以仿效利用柔軟的樹木製作樹雕那樣，把球莖做出很多不同的形狀來，雖然要花些功夫，但可以做出令人吃驚的樣式，且很有意思的洋蘭。

aphyllum

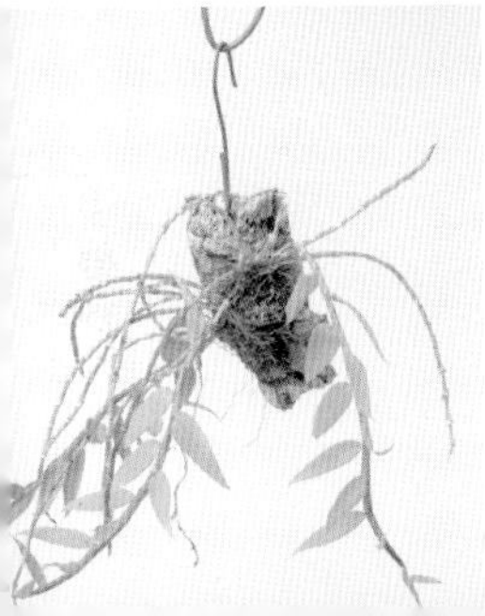

掛在軟木上的aphyllum

Q 長生蘭系雜交種是什麼？

看到市面販售像是小型春石斛系的長生蘭系雜交種，那是什麼樣的蘭花呢？

A

長生蘭是原產於日本的小型石斛蘭，學名是Dendrobium moniliforme，大約以宮城縣為北方界限，在有名的松島周邊至今還能找到野生的。

這種用日本產的石斛蘭和春石斛系雜交而成的品種，就叫「長生蘭系雜交種」。繼承了可以忍耐日本嚴寒的野生石斛蘭特性，這種雜交種同樣也很耐寒。另外，長生蘭是小型的石斛蘭，所以和長生蘭雜交而成的雜交種，基本上都是小型的。販售的那些暱稱為「迷你石斛蘭」的，大多都是長生蘭系的雜交種。這種迷你石斛蘭可耐受冬季攝氏二至三度的低溫。只要有充足的日照，無論哪個家庭都可以栽植。這種可以輕易栽植、漸具人氣的小型石斛蘭最初始於日本。

長生蘭系交配種（Komachimusume × hamachidori）

Berry 'Oda'

Q 澳洲石斛為什麼不開花？

澳洲石斛的花莖伸出了，也冒出了小的花蕾，但卻不開花，這是什麼原因呢？

A

澳洲石斛和與其種相近的石斛蘭（大明石斛和澳洲石斛的雜交種）一樣，花莖都是從球莖的頂端開始伸出後，就不斷地開始冒出小花蕾。為了讓花開得好，就要在花蕾冒出後，注意澆水和保持空氣的濕度。

如果植株本身看起來很乾燥的時候，稍稍澆一些水即可；但花蕾冒出的時候，哪怕少一點點水，也會導致好不容易冒出的小花蕾變乾燥而凋落。澳洲石斛是一種很耐寒的石斛蘭，所以即使天氣有些寒冷，也要在花蕾開始冒出到完全開花的這段時間內給花充足的水分。另外，要用噴霧器給植株和花蕾噴霧，以保持濕度。

Q 秋石斛的葉子落了

歲末收到的秋石斛葉子變黃凋落了。這是病害嗎？怎麼辦才好呢？

A

秋石斛和春石斛系不同，不是落葉性植物。如果栽植環境好，葉子可以在植株上達三年之久而不凋落。

秋石斛的葉子變黃凋落的原因，主要是因為嚴寒所導致。秋石斛經常作為禮物，在中元節和歲末的時候販售。中元節的時候氣溫很高，所以沒必要擔心落葉的問題；但歲末時容易受寒，往往就會導致葉子變黃而掉落。

在家庭栽植秋石斛時，如果和其他的石斛蘭放在同樣的位置，就會因為太寒冷而導致葉子變黃凋落。落葉後植株雖不至於馬上死掉，但植株的長勢會逐漸衰弱。

如果不想讓秋石斛落葉，就要在冬季時也讓溫度保持在攝氏二十度左右；但家庭栽植是很難達到這個溫度的。一般對於秋石斛來說，只要有溫暖的房間，就可以長得很好。

bigibbum Compactum

Q 迷你秋石斛真的很耐寒嗎？

買了迷你秋石斛，聽說它比秋石斛耐寒，栽植時要注意哪些地方？

A

將秋石斛的形狀（包括植株、花朵）縮小後，就是迷你秋石斛。是用小型原生種作為雜交母株改良而成的園藝種。

迷你秋石斛比秋石斛更耐寒，所以栽植環境的溫度若比秋石斛的更低也不會有問題。和秋石斛一樣，雖然溫度降低後葉子就會掉落，但植株本身其實仍健康完好，除了在冬季不太雅觀外，還是可以家庭栽植的。如果栽植溫度以攝氏十五度為標準，最低溫度確保攝氏十度，栽植就沒什麼問題了。它和秋石斛一樣，性喜日照，所以要放置在日照好的地方。

phalaenopsis Wink

phalaenopsis Pegasusupink

Q 如何栽植美花石斛？

我想栽植美花石斛，但翻查了石斛蘭的栽植書籍，卻沒有找到方法，請教一下如何栽植美花石斛？

A

美花石斛是一種球莖上生有細小黑毛的石斛蘭雜交種。大多於初夏開花，和其他石斛蘭的栽植方法有所不同。如果用栽植春石斛系的方法栽植，植株就會長得不好，且往往不開花。所以，一定要抓住栽植的要點。

作為石斛蘭的一種，美花石斛並不是很耐寒。在冬季最低溫度要保持在攝氏十度。在夏季時，它和其他石斛蘭一樣喜歡日照，但初夏到秋季這段時間要遮光百分之四十左右，其他季節就沒有必要採取遮光措施。如果遇到接連的陰天會容易害病，新芽往往容易腐爛，所以在戶外栽植時，如果遇到連續的陰天，要暫時將其搬到屋簷下。

formosum

美花石斛蘭喜歡乾濕交替的澆水方式，所以沒有必要和春石斛系一樣，要在秋季和冬季保持乾燥。在施肥方法也和春石斛系不同，除了盛夏之外，在春季到秋季的這段期間都要施肥，特別是在九到十月期間，一定要施用充分的固體肥料、液體肥料。一旦肥料發揮作用，就能長出結實粗大的球莖。只要球莖足夠肥壯，初夏時節就能開出很難想像是石斛蘭的又大又香的花朵。偶爾也會在開花期外開花，這不是什麼大問題，不用要擔心。

Q 雪山石斛蘭

栽植了小型的雪山石斛蘭，但入夏後卻突然乾枯了，這到底是什麼原因造成的呢？

A

雪山石斛蘭從十年前開始在日本販售，是生於新幾內亞海拔兩千至三千公尺高山上的一種石斛蘭特別種。花較小，卻如寶石般美麗，見者無不心醉。

由於雪山石斛蘭生於高山，如果用洋蘭而不是高山植物的方法栽植，就不能很好地生長。雪山石斛蘭耐冬寒，卻不耐日本的暑熱。在一年中涼爽且濕度高的季節栽植，就會生長得很有生氣，太熱就會馬上乾枯。但是，即使在涼爽的季節，如果太乾燥也會乾枯。對於這種高山種的石斛蘭，如果沒有特殊的設備或在和北海道夏季一樣涼爽的地方栽植，無論如何也無法長得很好。在家庭中栽植這種石斛蘭是很難的，所以，只能在大的洋蘭展覽會上欣賞展示的雪山石斛蘭了。

cuthbertsonii 'Red Mountain'

嘉德麗雅蘭

嘉德麗雅蘭屬和其近緣屬之間的雜交種

月份	開花期	放置場所（遮光率）	澆水	肥料	主要作業
1月	因種類不同而有差別	室內（明亮的地方）	稍稍乾燥		
2	因種類不同而有差別	室內（明亮的地方）	稍稍乾燥		
3	因種類不同而有差別	室內（明亮的地方）	稍稍乾燥		換盆・分株
4	因種類不同而有差別	戶外	一般	固體肥料、液體肥料	換盆・分株
5	因種類不同而有差別	戶外	一般	固體肥料、液體肥料	
6	因種類不同而有差別	戶外	一般	固體肥料、液體肥料	
7	因種類不同而有差別	戶外（30～40%）	較多	固體肥料、液體肥料	
8		戶外（30～40%）	較多	固體肥料、液體肥料	
9	因種類不同而有差別	戶外（30～40%）	一般	液體肥料	換盆・分株
10	因種類不同而有差別	室內（明亮的地方）	稍稍乾燥		換盆・分株
11	因種類不同而有差別	室內（明亮的地方）	稍稍乾燥		換盆・分株
12	因種類不同而有差別	室內（明亮的地方）	稍稍乾燥		換盆・分株

Q 如何讓花期更長呢？

買了漂亮的嘉德麗雅蘭，想讓花的開放時間再長一些，要怎樣管理才好呢？

A

根據嘉德麗雅蘭放置環境的不同，開花時間的長短也會有所變化。如果想讓花開得久，就要在開花後把它移到涼爽的地方。在冬季開花時，只要放置的地點能保證夜間溫度在攝氏十二度左右，白天在攝氏二十度左右，花就能開放一個月左右，但如果總是放在溫暖的室內，往往不到兩週就凋謝了。如果在冬季以外的時節開花，又想長時間欣賞花開，就要把開花後的嘉德麗雅蘭移至涼爽的地方。

另外，根據品種的不同，有長時間開花的品種，也有花謝得比較早的品種。除此之外，如果基部沒有充分伸展的植株，開花後往往也會很快就凋謝。根據各種條件，開花的時間也有所不同。

Sc. Dreamgirls 'Tokyo Queen'

Q 最低溫度要保持多少度好呢？

栽植嘉德麗雅蘭時，冬季的放置地點最低溫度為多少度才合適？以為夜間室內較冷，所以有些擔心。

A

冬季的最低溫度最好在攝氏十度左右，若是比攝氏十度稍微低些，雖不至於會馬上乾枯，但溫度越低，植株會衰弱得越快。最低溫度應以攝氏七度為限。某些品種能稍微耐寒，但如果超過攝氏七度，在澆水等管理上就會很棘手。

C. Interglossa 'Purple Tower'

如果冬季的最低溫度在攝氏五度或五度以下，就無法栽植嘉德麗雅蘭。

如果非要栽植，就要有暖氣設備。如果僅僅栽植幾株，就要用室內用的玻璃溫床，在裡面安裝小型園藝用加溫器，來保持溫度的恆定。

如果沒有這樣的設備，也可以在室內找暖和的場地來栽植。首先要準備溫度計，測量出自家室內的最低溫度是多少，一般的溫度計只能測出當時的溫度，所以要用可以記錄最低溫度和最高溫度的溫度計。有了這樣的溫度計，即使睡覺，也可以測出最低的溫度。

Q 為何被暖風吹拂後的嘉德麗雅蘭變黑了？

以為暖和些對嘉德麗雅蘭比較好，所以就把它放在暖風設備的出風口，但葉子和球莖卻變黑了，是什麼原因呢？

A

冬季時，嘉德麗雅蘭要在恆溫的環境才能生長。所以，家庭栽植的最低溫度要求是攝氏十度最好夜間溫度，能保證在攝氏十五度以上，如果能保證攝氏十度也可以栽植。

為了保持溫度，肯定會使用各種的保溫設備，但在使用保溫設備的時候一定要注意。因為從暖氣機裡吹出的暖風溫度很高，如果把嘉德麗雅蘭放在通風口前，葉子和球莖會因溫度過高而很快變黑。這和葉子被日照烤乾的原理是一樣的，植物體內水分因受熱導致無法負擔而引起的病症。一般被暖風吹拂十五至三十分鐘後植株就會變黑，所以一定要注意。使用暖氣機的時候，要避免被暖風直接吹拂，而是要間接使房間內的溫度升高。

植株某一部分一旦變黑，內部組織就會死亡，所以，植株如果大部分都變黑了，一般都會乾枯。

Q 嘉德麗雅蘭喜愛日照嗎？

我記得洋蘭都是怕強烈日曬的，但也並非全部都是這樣吧！嘉德麗雅蘭喜愛日照嗎？

A

嘉德麗雅蘭是很喜歡日照的洋蘭。如果日照不夠就很難開花，植株的形態也會很不好看。最理想的是，從日出到日落，都使嘉德麗雅蘭能曬到太陽。家庭培植要達到這個理想要求幾乎是不可能的，但仍然要接近這個要求，把花放在可以最長時間接受陽光照射的場地。

另外，也要儘量使陽光的強度達到明亮的程度。盛夏的強烈日照會讓葉子被曬傷，所以在夏初到秋季這段時期，要使用薄的遮光網。購買時要選擇遮光率為百分之三十至四十之間的遮光網。除了這段時節外，被陽光直射應沒什麼問題。

冬季搬入室內的時候，最好將它放置於光線明亮的窗邊。一定要記住，日照是栽植嘉德麗雅蘭最重要的要素。

Rsc. First Class 'Strawberry Milk'

Q 該如何施肥呢？

買了嘉德麗雅蘭，是為了欣賞美麗的花。聽說在嘉德麗雅蘭開花時不必施肥，那麼，何時開始施肥，怎樣施肥才好呢？

A

基本上，嘉德麗雅蘭要在春季到秋季這段時間施肥。施肥時，建議把油粕等固體肥料和化學液體肥料搭配使用；也可以用錠狀的固體化肥，不過最好把有機肥料（油粕）和無機肥料（化肥）搭配使用，才可以減輕植株的負擔。無論哪一種固體和液體肥料，單獨使用效果都不會太好，所以要搭配使用。

Rsc. Chia Lin 'Sinsi'

在春初，要在八重櫻凋落後的時節為嘉德麗雅蘭施肥。依據使用說明書將定量的固體肥料放在植株的基部。固體肥料的施肥量是根據產品本身的特性來決定，所以一定要仔細閱讀肥料說明書，根據花盆的大小施肥。

對於有機固體肥料來說，即使看起來形質還在，但實際上一個月後就沒什麼效果了。所以，要在春節到夏季這段時期，每個月更換一次肥料，總計三次並要記錄下施肥的日期。

使用無機化肥時，要注意其有效期限。根據產品的不同，有效時間也會有所不同，甚至有有效期達連續三個月之久的。這個時候，就只要在春季施肥一次就足夠了，往後就沒必要再施肥了。

液體肥料也是從春季開始施用。一定要仔細閱讀說明書，按照規定的倍率稀釋使用。如果濃度太高，則容易傷害基部，妨礙植株的生長，所以一定要注意。施用液體肥料時一般要一週充分地施肥一次，要注意不使其流出，以免造成浪費，還要使肥料充分浸透到花盆中。

從春季到秋初這段期間都要施肥，唯獨盛夏這一個月要停止施肥。因為夏天對嘉德麗雅蘭來說也是個難熬的季節，所以最好不要施肥。

Q 為什麼在秋季就開花了？

買了原本應該在春季開花的嘉德麗雅蘭，但入秋後卻開花了，這是什麼原因呢？

A

你買到的大概是不定期開花的品種。有些嘉德麗雅蘭種，不管什麼季節都會冒出新芽後開花，這些品種被稱作是「不定期開花種」。大多是在春季、秋季或冬季，會不定期地開花，一年開花兩次；也有一年開三次左右的品種。如果長勢很好，不斷地開花也不是什麼壞事，就好好地欣賞綻放出來的花吧！

Q 該從哪裡修剪花梗的位置？

嘉德麗雅蘭的花色逐漸褪去，花馬上就要凋謝了，我想把花梗剪下來，從哪裡下剪比較好呢？

A 花謝後，就要把球莖和葉子留下，剪掉花梗，把花鞘一起剪掉也無所謂，但不要傷到葉子和球莖。另外，使用的剪刀一定要加熱消毒後才可以使用，如果不消毒，可能會傳染病害，所以一定要注意。

用剪刀把花柄從葉基處剪除。

Q 換盆的時間要間隔多久呢？

要多久換盆一次才好呢？栽植用的介質還沒有壞的情況下，不換盆可以嗎？

A 嘉德麗雅蘭最好兩年換盆一次。經過兩年的生長後，植株已經占滿了花盆，同時栽植用的介質也壞掉了。如果不換盆就會導致植株姿態變得難看。如果在栽植用介質、澆水和肥料都比較少的情況下，則可以保持幾年再換盆。

如果一直未換盆，栽植用的介質會逐漸腐爛，在介質裡生長的根也會腐爛，之後植株會逐漸衰弱。為了預防這種情況發生，要兩至三年一次定期換盆，才可以確保你想欣賞的植株美姿和健康。

嘉德麗雅蘭的換盆步驟

❶ 用小鑷子從內側撳開，把植株從花盆中拔出來。

❷ 把新芽一側有三根球莖的植株剪開來。

❸ 舊水苔全部去除，新芽那一側包覆上水苔，使其變厚。

❹ 用水苔包覆至比花盆直徑稍大的程度，然後塞入花盆內。

❺ 用鑷子整平水苔表面。

❻ 換盆完成。

Q 使用哪一種栽植介質好呢？

我想為嘉德麗雅蘭換盆，但洋蘭有許多的栽植介質，用什麼比較好呢？

A

嘉德麗雅蘭一般都用水苔和樹皮來栽植。如果使用水苔，就要用素燒花盆；如果用樹皮，就要用塑膠花盆。這與栽植質料變乾的速度有關係。因為樹皮乾得快，所以要用塑膠花盆；水苔乾得慢，所以要用全身都可散發水分的素燒花盆。

Q 一定要換大花盆嗎？

買了嘉德麗雅蘭，但花盆怎麼看都覺得太小，可以把它換盆到大花盆嗎？

A

如果嘉德麗雅蘭栽植得很有生氣，植株就會變得很大，如果有一些花草栽植經驗，就會想把它們換盆到大的花盆中去。但是，我們卻看到販售的那些大植株，大都是用小花盆來栽植。

其實，對於嘉德麗雅蘭這樣的附生蘭來說，花盆小反而會使植株生長得更好。這是從經驗中得知的，嘉德麗雅蘭栽植在大的花盆中，往往生長得不太好。所以，換盆時要將其換盆在小的花盆中，不要將其換盆到空間太大的大花盆內。如果沒有什麼嘉德麗雅蘭的栽植經驗，執意都想在換盆時用大的花盆，那麼，建議使用僅比植株大一圈的花盆來換盆。

S. Pulcherrima 'Beach Volley Girl'

Q 換盆時有花蕾怎麼辦？

天氣變暖了，馬上就到了換盆的時期，但恰好長出了花蕾，怎麼辦才好呢？

A

這是在春季換盆時經常碰到的問題。

嘉德麗雅蘭適合換盆的時間為春季和秋季。春季換盆的時候，如果恰好伸出花蕾，並且過了五月中旬後花才凋謝，就不要在春季換盆了，最好等到九月初的時候再換盆。在花謝後的初夏換盆也可以，但這往往會導致不開花，所以，一定要等到

Rsc. Mystic Lady 'Morninglime'

入秋後再換盆。

如果非得要在春季換盆，就要等花蕾綻開，開花兩至三天後把花剪下來再換盆，這樣可以作為切花欣賞一段時間。如果開花後馬上剪下，剪下的花會枯萎，也無法作為切花欣賞，所以一定要等花開了兩至三天後再剪。

Q 花鞘內的花蕾怎麼腐爛了？

花鞘中的花蕾變黑、腐爛，沒有開花就掉落了，這是什麼原因呢？下次伸出花蕾的時候，要如何處理才能使其開花呢？

A

如果能看到花蕾在花鞘中，是一件令人高興的事情。首先，會在裡面長出小的顆粒狀東西，接著在花鞘中逐漸地伸長，形成花蕾的形狀。原本以為會順利伸長，可是一天突然發現它不伸長了，透過花鞘，卻看到由黃色變為黑色的花蕾逐漸開始腐爛！

花鞘原本即具有防止花蕾乾燥的作用。花蕾腐爛有很多原因，夏季溫度過高或冬天時也把嘉德麗雅蘭放置在溫度高的房間內，或是在中午時刻氣溫在短時間內升高，都會由於花鞘中溫度過高而導致花蕾腐爛。要預防這種狀況的發生，就要在盛夏花鞘中花蕾開始伸長時，把嘉德麗雅蘭移到遮光稍強的場地。如果冬季室溫過高，就要採取措施降低溫度。另外，為了確保夜間溫度而將花放入溫室的時候，要把電源關閉，因為只需用日照照射一會就會升到高溫，所以，只要在中午時把溫室的窗戶打開就可以了。或許你仍會擔心可能會比較乾燥，但由於花鞘可以確保足夠的濕度，所以絕對沒有問題的。

另外，由於季節變化而導致氣溫劇烈變化時，也經常會發生花蕾在花鞘中壞死的事情。而澆水不足，導致花蕾水分不夠，也會使花蕾在花鞘中腐爛。所以，等花蕾在花鞘中肥大後，就要給予充足的水分。

Q 雙層花鞘要剪掉嗎？

雙層花鞘常見於秋季開花的原種C.labiata和其雜交種，是為了保護花蕾的葉子變形物，要剪掉嗎？

A

花鞘通常只有薄薄地一片生於球莖和葉子的基部處雙層花鞘是指這種薄片有兩層。

由於擔心裡面的花蕾不能憑自己的力量從中鑽出來，常有人會把雙層花鞘的上部剪掉。其實，裡面的花蕾往外伸長的力量很大，基本上沒有必要特意剪開。它完全可以憑自己的力量衝破雙層花鞘，伸出花蕾。

雖然偶爾也會有不能衝破花鞘，花蕾被卡住的情況。但如果每天查看，就會知道哪些被卡住了，這時就可以用指甲將堅硬的花鞘剝破，或用剪刀將它剪斷，這樣中間的花蕾就能順利地伸出來了。

透過光線，就能看出是雙層花鞘。

Rsc .Pastel Queen 'Peach.Orange'

Q 花鞘乾枯了怎麼辦？

花鞘長出來了，卻變成褐色乾枯了；而其他開花植株的花鞘都是綠色的，這樣，還會開出花朵嗎？

A

嘉德麗雅蘭有很多種，也有花鞘乾枯後開花的，但這種類型的不是很多。大部分的嘉德麗雅蘭都是在花鞘仍是綠色或褐色時伸出花蕾後開花的。

即使花鞘乾枯了，也沒有必要馬上將它去掉，不妨留著它，也許還會再次伸出花來。如果六個月後，乾枯的花鞘裡仍然沒有什麼變化，就把它去掉吧！

Rsc. Cutie Girl 'Yosiko'

Q 花上為何會出現茶褐色的斑點？

嘉德麗雅蘭開出了很漂亮的花，但不久後，沿葉脈出現了茶褐色的斑點，這是病害嗎？

A

大概是病毒性病毒（濾過性病毒）的可能性比較高。患這種病害後，植株會逐漸衰弱，開出畸型的花，也有不開花而乾枯的。病毒性疾病的初期階段，會出現如疑問中所說的斑點。如果在花謝後才隱隱地出現斑點，表示病症還算輕，但開花後馬上就出現斑點，就表示病症很深了。

遺憾的是，目前還沒有治療這種病症的方法。另外，如果其中一株有病毒性疾病，往往附近的植株也都會被感染，所以，一旦發現患有這種病害的植株，便要馬上將它燒毀處理（作為可燃垃圾處理）。這時，一定要將剪刀和從花盆裡除花時使用的工具，以高溫充分消毒，如果消毒不完全，而使用在其他的健康植株上，就會傳染病害。

這種病害是以蚜蟲等小蟲為媒介傳播的，透過葉子和植株的接觸傳播病害，但只要做好蟲的防治和患病植株的早期發現處理，就能有效預防這種疾病的發生，所以一定要注意仔細地觀察。開花時斑點如果不是沿著脈絡出現，就有可能是過濕所導致的。這並不是病害，不要弄錯了！如果自己無法判斷，就把患病的嘉德麗雅蘭拿到洋蘭專門店去，也可以拍照片寄給專家，與有經驗的專家一起討論。

Rsc .Blc.Karbera Beauty 'Song of Canary'

Q 根莖變黑了怎麼辦？

根莖和球莖突然變黑了，好像馬上要乾枯，這到底是什麼原因呢？要採取什麼措施好呢？

A 這是由於植株患了細菌性疾病所致，根莖和球莖才會突然變黑腐爛。這和發生於新芽的軟腐病不同，大多是細菌性疾病所致。如果根莖和球莖的基部處開始乾枯，基本上，就表示沒救了。

唯一能做的，就是把它從花盆內拔出，把栽植介質徹底清除掉，用消過毒的剪刀把發黑腐爛的部分剪掉，再把剩下的部分栽植到小花盆裡。剪的時候，並不是緊挨著腐爛的部分剪，範圍要稍稍擴大，把外觀上看起來健全的一部分也剪掉。如果運氣好，剩下的部分或許還有救；如果剩下的部分也發現有腐爛現象，就只能很遺憾地放棄了。對於這樣的病症，還沒有特效藥。

Q 葉子的基部有白色的東西是什麼？

在嘉德麗雅蘭的球莖和葉子的基部有顆粒狀的白色東西。是蟲子嗎？有什麼危害？

A 這可能是由於附生了介殼蟲所致。介殼蟲往往附生於球莖及球莖和葉子的基部、根莖等處，以吸取植株的汁液，也有附生於葉子背面的。如果有一株發現了介殼蟲，周圍的植株大多也已被傳染了。並不清楚這種小蟲子到底是從哪裡來，如果置之不管，植株就會變得衰弱，嚴重者會乾枯，所以驅除這些蟲子。

先要用柔軟的布將肉眼可見的介殼蟲擦掉，再用介殼蟲專用的殺蟲劑噴灑到植株上，肉眼不可見、可能潛伏介殼蟲的地方也要充分噴灑藥劑。施藥一次大多不能完全將其驅除乾淨，要隔兩週後再次噴灑藥劑。周圍的植株也要噴灑藥劑，以求完全將介殼蟲驅除。噴灑藥劑的時候，一定要先確認使用植物和適用蟲害後再使用。

附在球莖上的介殼蟲

迷你嘉德麗雅蘭

蘭花科嘉德麗雅蘭屬與其近緣屬間的雜交種

月	開花期	放置場所(遮光率)	澆水	肥料	主要作業
1月	因種類不同而有差別	室內（明亮的地方）	稍稍乾燥		
2					
3					換盆·分株
4		戶外	一般	固體肥料、液體肥料	
5					
6					
7		戶外（30～40%）	較多		
8					
9	因種類不同而有差別		一般	液體肥料	換盆·分株
10		室內（明亮的地方）	稍稍乾燥		
11					
12					

Q 與嘉德麗雅蘭有和差別？

迷你嘉德麗雅蘭和嘉德麗雅蘭是不同的植物嗎？在栽植方法上有什麼不同？

A

兩者都同樣是由嘉德麗雅蘭屬為主，育種而成的嘉德麗雅蘭系雜交種。特性基本上一致，栽植管理方法也一樣。

迷你嘉德麗雅蘭並不僅僅是由小型的嘉德麗雅蘭原生種，經過品種的組合雜交而成，也有用小型的嘉德麗雅蘭原生種和大型的嘉德麗雅蘭原生種雜交而成的。

在栽植管理上，相較於大型的嘉德麗雅蘭，小型嘉德麗雅蘭要注意以下幾個方面：栽植小型嘉德麗雅蘭的花盆較小，很容易就變乾，所以澆水的次數就要比大型嘉德麗雅蘭多。另外，和大型嘉德麗雅蘭一起栽植時，不能放在大型嘉德麗雅蘭花盆的下方被遮陰。

C. walkeriana

Q 迷你嘉德麗雅蘭的尺寸有多大？

迷你嘉德麗雅蘭指的是多大尺寸呢？有沒有一定的標準？

A

迷你嘉德麗雅蘭並沒有一個標準的定義。在洋蘭展覽會上，為了分組競賽才會制定規定，而規定也因展覽會不同而有所差別，所以迷你嘉德麗雅蘭的尺寸並沒有一個通用標準。目前普遍認為的尺寸是二十公分以下為小型，中型嘉德麗雅蘭的尺寸為二十一至三十公分左右，尺寸在這之上的就是大型嘉德麗雅蘭，也可稱之為標準嘉德麗雅蘭。

最近，一種比迷你嘉德麗雅蘭更小的超迷你嘉德麗雅蘭逐漸受到人們的歡迎。超迷你嘉德麗雅蘭長約十公分，是真正的小型，只是種類很少，很難買到。

Sc Mini Purple

Q 耐寒性如何呢？

聽說迷你嘉德麗雅蘭很耐寒，所以就沒有採取特別的防寒措施，結果就枯萎了，這到底是為什麼呢？

A

經常聽到有人說迷你嘉德麗雅蘭比大型嘉德麗雅蘭更耐寒，其實這種說法是毫無根據的，作為早期迷你嘉德麗雅蘭培育母株的原生種嘉德麗雅蘭，的確很耐寒，所以才流傳了以上的說法。

現在的迷你嘉德麗雅蘭是與各種種進行雜交而成的，不能簡單地認為它就是耐寒的。雖然也有一部分嘉德麗雅蘭相較而言是比較耐寒，但把迷你嘉德麗雅蘭作為一個大範圍來看，它和大型嘉德麗雅蘭一樣，在冬季低於攝氏十度就會養不活。

而無論是大型嘉德麗雅蘭還是迷你嘉德麗雅蘭，確實有某些特殊的原生種是很耐寒的。

Sc. World Vacation 'Shibuya Sunset'

Q 迷你花怎麼越長越高？

以為是迷你品種嬌小可愛才買，沒想到越長越大，根本就不迷你，這是怎麼一回事呢？

A

可能原本就不是迷你嘉德麗雅蘭，即使是中小型嘉德麗雅蘭或大型嘉德麗雅蘭，也有在植株還小的時候開花的。你很有可能是將它誤認為是迷你嘉德麗雅蘭了。因為有些小棵的植株，看起來像是迷你嘉德麗雅蘭，最後卻長得很大，所以在買的時候一定要問清楚將來長大後的尺寸。

Q 為什麼沒有花鞘？

迷你嘉德麗雅蘭的花蕾長出來了，卻沒有大型嘉德麗雅蘭一樣的花鞘，這正常嗎？

Gsp. Hotsauce 'Stella'

A

迷你嘉德麗雅蘭大多是不長花鞘就會開花，這是由於有些嘉德麗雅蘭的原生種原本就沒有花鞘，歷經幾代後仍然保留了這種特性。沒有花鞘而長出花蕾時，一定要注意空氣的濕度。特別是在冬季，沒有花鞘而長出花蕾時，要經常用噴霧器噴水，保持植株周圍的濕度。

根據雜交種的不同，有些沒有花鞘，有些有花鞘，開花的時候均會有所差異，這都是正常的。由於這些品種是經過複雜的雜交而成的，所以常因外部環境的微小差異，而呈現出原生種的各種特性。

Q 為何在球莖長成前開花？

總是在球莖長成前開花，這樣好嗎？怎樣管理才會開出好看的花呢？

A

有些迷你嘉德麗雅蘭的品種在抽芽時，花蕾也在芽中孕育生長。這種品種的球莖是在開花後才長成的。這和大嘉德麗雅蘭的習性有很大差異，所以經常讓人感到疑惑。

這種品種的迷你嘉德麗雅蘭，開花與否是由能否長出粗大新芽來決定的。要長成粗大結實的新芽，需要舊球莖長得夠大，且需要足夠的日照。總之，開花的方式不同，栽植上也和大嘉德麗雅蘭有所差異，必須在讓植株長出漂亮球莖上花些心思和時間。

Q 如何分株？

栽植了迷你嘉德麗雅蘭，現在植株變得很大了，請問迷你嘉德麗雅蘭也是用分株的方式來繁殖的嗎？

A

迷你嘉德麗雅蘭和大型嘉德麗雅蘭都是透過分株進行繁殖的。但由於迷你嘉德麗雅蘭本身就很小，所以分株時不要將它分得太小。大型嘉德麗雅蘭按三個球莖分株是沒問題的，但迷你嘉德麗雅蘭最好以每五至六個球莖來進行分株。

即使迷你嘉德麗雅蘭長大也不過用四號花盆即可栽植。所以，不要分得太小，而是栽植大的植株，這樣就可以欣賞到很多花一起盛開了。

Q 為什麼沒有根了？

買了有打折優惠的迷你嘉德麗雅蘭後，就發現它沒有什麼生氣，從花盆中拔出後，才發現根本就沒有根。這樣還能栽植嗎？

A

園藝店經常會將賣剩下、花將要謝的迷你嘉德麗雅蘭打折便宜賣，一般人碰到自己喜歡的打折花卉就會買下來。而園藝店裡用來裝飾的植株，往往會由於澆水過量或太少而導致基部受傷，特別是那些打折處理的花，往往是因為用於妝點店面太久了，才要便宜賣出，這些花的基部可能都已經受傷。

如果從花盆裡拔出後，發現植株沒有根，就表示已遭受重傷，要馬上用乾淨的水苔進行換盆，等待新根長出。即使連一條根也沒有，也是可以恢復的，但要花一年多的時間。如果還有一些健全的根，就會恢復比較快。不管怎麼說，買了打折品後，最好還是快進行換盆。

Sc. Mari's Beat 'Chie'

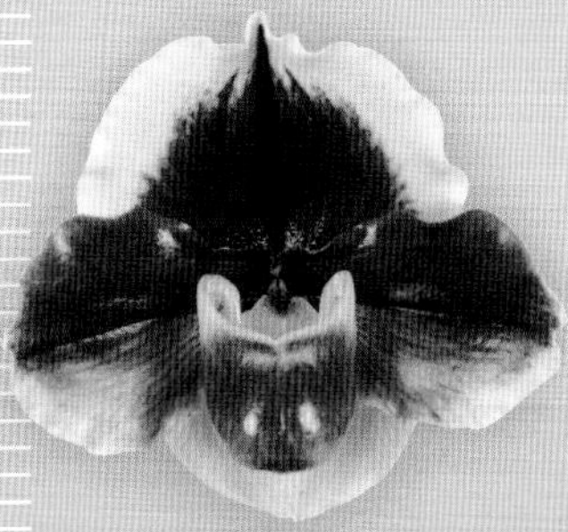

仙履蘭

蘭科仙履蘭屬

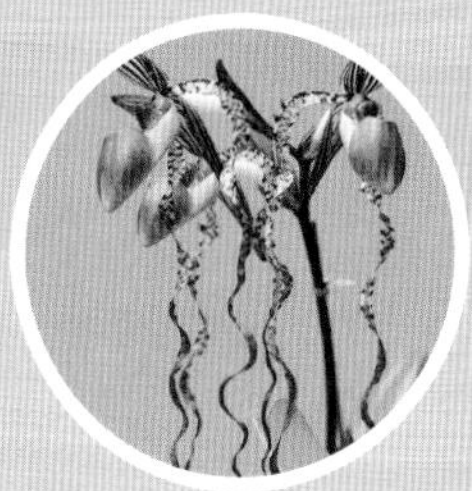

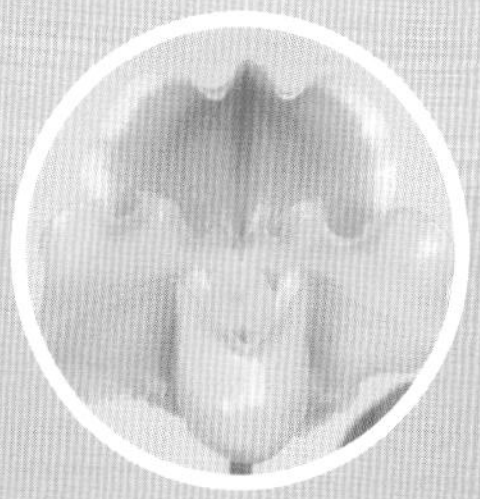

	開花期	放置場所(遮光率)	澆水	肥料	主要作業
1月	因種類不同而有差別	室內（明亮的地方）	一般		
2	因種類不同而有差別	室內（明亮的地方）	一般		
3	因種類不同而有差別	室內（明亮的地方）	一般		換盆・分株
4	因種類不同而有差別	室內（明亮的地方）	一般	固體肥料	換盆・分株
5	因種類不同而有差別	戶外（50～60%）	一般	固體肥料	
6	因種類不同而有差別	戶外（50～60%）	一般	固體肥料	
7		戶外（50～60%）	稍稍乾燥	固體肥料	
8		戶外（50～60%）	稍稍乾燥	固體肥料	
9	因種類不同而有差別	戶外（50～60%）	一般	液體肥料	
10	因種類不同而有差別	室內（明亮的地方）	一般		
11	因種類不同而有差別	室內（明亮的地方）	一般		
12	因種類不同而有差別	室內（明亮的地方）	一般		

Q 沒有球莖嗎？

看到仙履蘭沒有球莖，仙履蘭是不長球莖的嗎？這是為什麼呢？

A 球莖是用來儲存養分和水分，是由莖變化而來的細長莖狀器官。大多洋蘭都有球莖，但仙履蘭沒有。仙履蘭的屬性接近於地生蘭，生長在腐葉土中和長苔蘚的岩石上。一年中的大多數時間裡基部都是濕的，所以才長不出球莖的吧！但很不可思議的是，仙履蘭的抗旱性絕不亞於長球莖的其他洋蘭喔！

Q 會捉蟲子吃嗎？

聽說仙履蘭用花捉蟲子吃，這是真的嗎？也是食蟲植物的同類嗎？

A 仙履蘭的唇瓣很像食蟲植物的捕蟲葉，卻不是用於捉蟲子以吸收營養的。這個袋狀唇瓣是用來引誘那些運輸花粉的蟲子，蟲子一旦進入唇瓣裡，就會帶一些花粉飛向另一朵花，在仙履蘭的原產地，就是用這種方法來繁殖的。

Q 最低溫度是幾度？

仙履蘭開的花很像日本的敦盛草，它們是同一類屬嗎？最低溫度要幾度才能栽植呢？

A 如果仔細看仙履蘭，就會覺得它很像日本原產的敦盛草。雖然植株的形狀有所不同，但都有袋狀的唇瓣。日本的敦盛草屬名為 Cypripedium，是仙履蘭的近親。

Colber 'rukuuhuru'

Cypripedium 屬生於溫帶北部，而仙履蘭屬基本上生於熱帶。所以，栽植仙履蘭時最低溫度必須保證在攝氏六至八度。有一些仙履蘭只要溫度不高，就無法很好地生長，但只要避開嚴寒，在家庭室內栽植也是可以的。

Q 施肥的時間和用量

想給仙履蘭施肥，應該施哪一種的肥？什麼時候施用？施肥量多少？

A

仙履蘭應該在春季氣溫上升、新芽開始伸出的時候施肥。只要比其他洋蘭稍稍少施肥，就能生長良好。從四月中旬到十月上旬，僅僅施用液體肥料，植株就能很好地生長。使用混合介質栽植時，一個月施肥兩次；使用水苔栽植時，一個月一次即可；在盛夏八月則要停止施肥。

相較於其他品種的洋蘭，仙履蘭的基部很不耐肥料。所以，如果施了高濃度的液體肥料，不僅會導致長勢衰弱，還會傷及植株基部。如果液體肥料說明書規定的倍率是一千倍，對仙履蘭就要按一千五百至兩千的倍率稀釋使用。

primulinum purpurascens

即使不施固體肥料也是可以的，等植株長大到4.5號花盆栽植時，在春季施一次油粕有機固體肥料即可。最好不要使用效能太高的錠狀化肥。

Q 放置場所的光照要求如何？

第一次栽植仙履蘭，聽說要在日陰下栽植。請問：放置仙履蘭的場地，光照要怎樣才算好呢？

A

仙履蘭是洋蘭中較少見、不喜光照的品種。如果和東亞蘭、石斛蘭等一起栽植，往往會因為日照太強而導致葉子被曬傷。如果和很多品種的洋蘭一起栽植，就要將它放置於光照最弱的地方。但它並非完全不要光照。因為在日照較弱且日照時間長的地方栽植，植株反而能很好地生長。所以，最好將它放置於光照弱且光線明亮的場地栽植。

若是利用遮光網，盛夏的時候要遮光百分之六十，春季和秋季要遮光百分之四十；冬天時不必遮光，只利用透過窗戶玻璃的光照即可。在盛夏的時候，如果超過了百分之六十的遮光率導致光線太暗，往往會影響開花。所以，一定要注意光線不能太暗。

sanderianum

Q 乾燥些也可以嗎？

很久沒澆水，使仙履蘭變得很乾燥，但即使這樣，仙履蘭看起來還是很有生氣，這樣可以嗎？

A

仙履蘭沒有球莖，喜歡栽植介質總是濕的。如果水分乾掉的狀況持續兩個月，往後植株就會變得十分衰弱。在植株水分有些乾但還很有生氣時，就要充分地澆水。使用水苔栽植時，若是水分乾得很徹底，水苔就會較難吸收到水分。如果水分乾得很厲害的植株，就要把花盆浸入水裡，使其充分吸收水分。

如果這樣做水苔還是不能吸收水分，仙履蘭往後的長勢就會變差，所以必須更換水苔及換盆。

Q 如何栽種多花性品種的花？

看到有些仙履蘭一根花莖上開出好幾朵花。這樣的品種和一般的品種，栽植方法有什麼不同嗎？

A

一根花莖上開三到五朵花的品種稱之為「多花性品種」，和一根花莖上只開一朵花的品種相比，更喜歡待在稍微溫暖的地方，所以在冬季溫度下降的時候，夜間最低溫度也要保持在攝氏十五度以上。如果最低溫度能維持攝氏二十度左右，即使在冬季，植株也能生長良好。另外，多花性仙履蘭要比一根花莖上只開一朵花的品種需要更多的肥料。多花性仙履蘭的植株也更大，這是因為開花對植株的壓力很大。如果在冬季也有溫暖的場地來栽植，就挑戰一下吧！

platyphyllum

Q 如何讓花開的方向一致呢？

仙履蘭開出了很多花，但是方向亂七八糟的。有沒有讓花開同一方向的方法？

A

伸出好幾根花蕾後，首先要架立支柱，把花蕾的位置大致整理一下，然後決定花開的正面，再把花的正面向陽朝南。在花蕾還小的時候就採取這樣的措施，花就能很漂亮、整齊地朝正面盛開了。

即使架立了支柱、調整了花蕾的位置，但如果在開花前把植株轉變方向、移動花盆位置，就無法保持花開的方向，花開後方向會很亂。所以，從花蕾膨大後，就不要改變植株的方向，一直等到花完全盛開為止，往後花開的方向基本上就不會有什麼變化了。要等到花的方向固定後再把它移動到要裝飾的場地。

Q 栽植的介質有哪些？

我想替仙履蘭換盆，要用哪一種栽植介質比較好呢？

A

仙履蘭的基部如果沒有充足的濕氣和新鮮空氣，就不能很好地生長。所以在考慮用哪種栽植介質的時候，一定要考慮到各種複雜的栽植條件。

最近，大多都是在塑膠花盆裡用較細的樹皮和浮石的混合介質栽植仙履蘭。仙履蘭專家也都有各自的混合介質配比，在加入的介質上有細微的差別。就像料理的調味一樣，有各自的見解。

用塑膠盆搭配混合介質使用是最理想的。使用塑膠花盆，澆水後盆中會很快濕透，並且不會乾得很快。加上樹皮等是顆粒狀的栽植介質，所以花盆內空氣充足。混合介質隨處可見，製作起來也不是很複雜。建議使用洋蘭專賣店裡販售的專用混合介質。選用塑膠花盆的時，以盆底孔洞多、排水快的為佳。

也有使用水苔栽植仙履蘭的。在以前，大多使用水苔搭配素燒花盆來栽植，因為這種搭配會導致水分容易乾涸，所以現今已不多見。在塑膠花盆裡加上水苔栽植，也能讓仙履蘭生長得很好，因為水苔的保水能力強，可以長時間讓花盆內保持潮濕狀態。使用水苔栽植時，要在盆底裝上大的排水孔網架來撐起一個空間，這個空間可以使花盆排水良好，也

Wander Red'Royalwander'

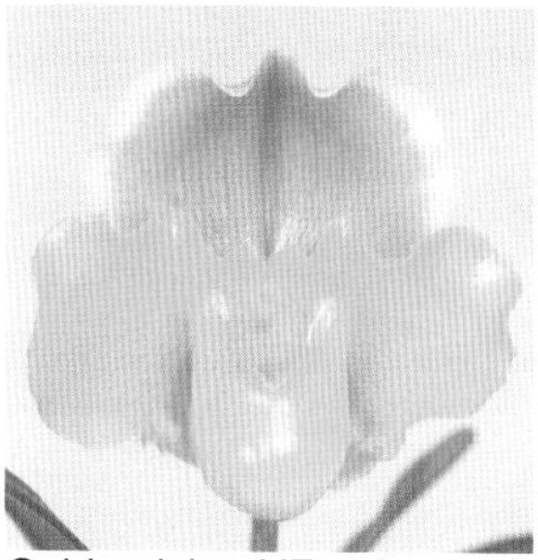
Golden Island 'Freshgreen'

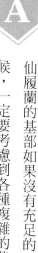

可以保證新鮮的空氣進入花盆內。

另外，水苔還可以吸收追施的液體肥料成分，再供仙履蘭吸收，混合介質也可以在某種程度上吸收肥料，但是卻比不上水苔。使用水苔的時候，在栽植方法和添入的水苔緊實度上是有講究的，要掌握這些需要花一些時間，但只要掌握了栽植技巧，水苔的效果要比混合介質好許多。

可能你還是不明白到底哪一種栽植介質最好？從結論上來說，如果還沒有掌握換盆技巧，最好使用混合介質。在專賣店買到好的混合介質，換盆的時候只要將混合介質倒入花盆中即可，不管是誰來種植，基本上都是一樣的。但是要找到販賣好的混合介質的地方卻不是那麼簡單。使用水苔栽植，如果有好老師指導，就會培育出最好的仙履蘭。只要掌握加入花盆時水苔的緊實度和花盆底下開孔大小兩個要點，其他就很簡單了。如果附近有洋蘭園，就去請教經驗豐富的專家吧！還有一點就是，水苔比那些特別的混合介質更容易買到手。如果不根據栽植介質的特性來澆水、施肥是不行的，所以仙履蘭應該選用什麼栽植介質是非常重要的。

Q 如何分株？

因為想繁殖仙履蘭，所以要對它進行分株，應該怎樣分株才好呢？

Grundman 'Ginza Giant'

A

如果仙履蘭的植株沒有長得很大是不能進行分株的。仙履蘭是一種只能側芽分株，分株時至少要保持三芽一組，日後才能很好地生長。所以，不管要多早分株，植株都要長到有六芽以上才能分株。如果仙履蘭植株小，往往只開一朵花，要等到芽數增多，開三至四朵花的時候就可以換盆了。謹記不能分得太細。

Q 為何花蕾變成褐色枯萎了？

仙履蘭伸出花蕾後卻變成褐色枯萎了，是什麼原因呢？

A

如果仔細看花蕾的基部發現有白色的小蟲附生，就說明這是由於介殼蟲所致。介殼蟲在半途吸收了從植株到花蕾的水分，所以花蕾就會枯萎。如果在花蕾開始伸出的時候仔細觀察，發現有介殼蟲附生，就用牙籤將其去除，同時噴灑殺蟲劑。

但也有可能是由急遽的溫度變化引起的。如果晝夜的溫差太大，花蕾會因為無法忍受太大的溫差而乾枯。另一個可能就是缺水或是基部腐爛致使水分不足，花蕾就變成褐色而乾枯。基部腐爛也會導致同樣的狀況發生。長出花蕾的時候一定要充分澆水，把仙履蘭放到溫差比較小的地方等待它開花。

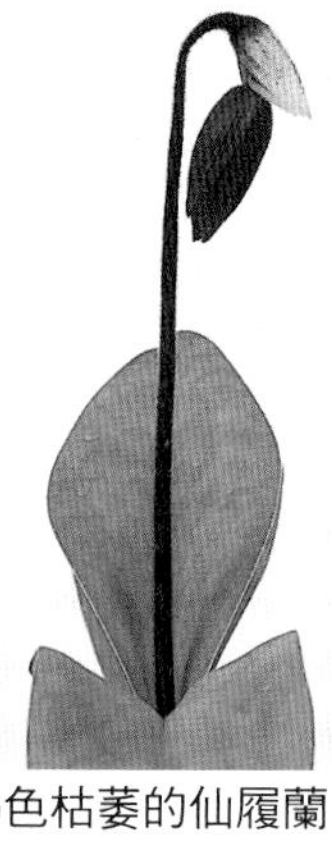

變成褐色枯萎的仙履蘭。

Q 基部為什麼浸水後會有浮腫現象呢？

仙履蘭的基部有浸水浮腫的感覺且變成褐色了，是病害嗎？怎樣處理才好呢？

A

這恐怕是得了軟腐病，軟腐病是仙履蘭最嚴重的病害。如果發現得晚，植株就會全部腐爛乾枯。另外，這種病很容易傳染給附近的植株，所以，發現有得這種病的植株後，要把它和其他植株分開。

患軟腐病的仙履蘭。

首先要將淡褐色浸水腐爛的葉子從植株的基部處完全乾淨地摘除，以確認病害是否已到達芯裡。如果外側的葉子只有一片變成這個樣子，就把葉子完全乾淨地摘除，傷口乾了後病害就可能得到遏阻。因為殺菌劑基本上沒有什麼效果，所以，要把患部完全去除，再使其乾燥的措施。植株一旦得了這種病害，也說不定什麼時候還會再次得病，所以要仔細觀察，使病害不擴散。如果去除外側葉子後發現芯也有褐色的病斑就表示沒救了。

Q 葉子上為何有白色的東西？

仙履蘭葉子的中心部位附生了一種白色的東西，那是什麼東西呢？可以不管它嗎？

A

那是介殼蟲。仙履蘭附生了介殼蟲就很麻煩，介殼蟲附生在看得見的地方，用殺蟲劑直接噴灑驅除。然而介殼蟲卻往往隱藏在仙履蘭葉子的中間和芯裡等眼睛看不到的地方，只有葉子和花芽伸長後才能發現。只要在葉子的中央部位發現一隻介殼蟲，葉子下面就會有更多的幼蟲。

delenatii

花蕾上的介殼蟲

conqueror

附生於花芽等露在外面的介殼蟲還是可以捕殺的，但是大多數介殼蟲都藏在葉子裡，所以要用專門的、具有滲透性的殺蟲劑噴灑，使殺蟲劑成分滲透進仙履蘭體內，讓介殼蟲吸食滲入殺蟲劑的株液。如果置之不理，介殼蟲就會大量繁殖，從仙履蘭的體內吸收水分和養分，導致花蕾乾枯，甚至植株也會乾枯。若要完全將其驅除是很難的，所以要有足夠的耐心。

美洲仙履蘭

蘭科美洲仙履蘭屬

月	開花期	放置場所（遮光率）	澆水	肥料	主要作業
1月	因種類不同而有差別	室內（明亮的地方）	長時間稍微潮濕		
2					
3					換盆・分株
4				液體肥料	
5		戶外（50～60％）			
6					
7					
8			稍多		
9			長時間稍微潮濕	液體肥料	
10		室內（明亮的地方）			
11					
12					

Q 開花期是何時？

美洲仙履蘭是在什麼時候開花？我家栽植的美洲仙履蘭開花期不定，這是什麼原因呢？

A

美洲仙履蘭沒有固定的開花期。它原本是在氣溫變化小的環境生長，所以在原產地一年到頭都會生長開花。在日本栽植，大多是在春季到初夏期間及冬季開花，在最熱的夏季基本上不開花，即使開花了也會因為天氣炎熱不漂亮。美洲仙履蘭並沒有固定的開花期，一旦開始開花後，花芽就會一邊伸長一邊不斷地開花，可以長時間欣賞。

Q 為何花突然謝了？

原本很有生氣綻放的花朵突然凋謝，管理方法都和以前一樣，不知道發生什麼事？

A

和其他洋蘭有所不同的是，美洲仙履蘭的花往往會突然凋謝。明明還很新鮮，看起來也很有生氣卻凋落了，栽植時可能會擔心是不是管理不當所導致，實際上並沒有什麼問題。大多數的美洲仙履蘭都會接續地開出好幾朵花，所以雖然一朵花凋謝了，仍可等待欣賞下一朵花的盛開。只不過，美洲仙履蘭開花通常在三朵以下。

Anden fire

Q 為何不開花了？

栽植美洲仙履蘭，葉子雖然很茂盛卻不開花，怎樣才能使它開花呢？

A

日照不足會導致不開花。大多數美洲仙履蘭的品種，葉子薄且柔軟，所以即使日照弱，植株的長勢也會很好，但是野生的美洲仙履蘭大都生長在日照好的地方。所以家庭栽植的時候，也要把它放置在日照適當的地方，花就會開得很好。盛夏的日照太強，就要在初夏到秋末期間採取遮光率為百分之五的遮光措施。除此之外的季節，讓它接受陽光直射或透過玻璃的光照射都可以。

Q 最低溫度應保持多少？

最低溫度要保持多少才能栽植美洲仙履蘭呢？另外，夏季能耐多少度的氣溫呢？

A

美洲仙履蘭生長在中美洲到南美大陸北部，大多原生於海拔很高的地方。所以比較耐低溫，當冬季最低溫度下降到攝氏五到攝氏六度也可以安全越冬，不過植株會停止生長，葉子也會變得不光鮮。一般來說，冬季的最低溫度最好保持在攝氏十度左右。

另外，美洲仙履蘭很多原生於海拔很高的地方，所以不耐暑熱。對於這樣的品種，夏季的最高氣溫一定要控制在三十度左右，夜間氣溫涼爽，長得就會很快。雜交種則會比較耐暑熱，即使夏季多麼炎熱也能生長。

caudatum lindenii

Q 如何澆水？

在冬季減少澆水量後，美洲仙履蘭就變得沒有生氣了，怎樣做才好呢？

A

美洲仙履蘭是特別喜歡水的一種洋蘭。不管什麼季節，如果澆水不充分，就會導致美洲仙履蘭沒有什麼生氣。大多的洋蘭品種在冬季都要減少澆水量，美洲仙履蘭卻例外，不僅不能讓它乾燥，反而要充分的澆水。如果缺水，葉子就會失去光澤，從葉尖開始變成褐色直到枯萎。如果嚴冬季節室內的溫度在攝氏十度左右，可以每兩天充分澆水一次；降到攝氏六度，就應該三到四天充分澆一次水。

其他的季節，如果能每天充分澆水，美洲仙履蘭就能生長得很好。

Q 如何避暑？

原本生長得很好的美洲仙履蘭，盛夏後卻逐漸沒有生氣，會是什麼情況呢？

A

在美洲仙履蘭屬中有一些不耐暑熱的品種，所以要花些功夫降低夜間的溫度。若要降溫首先要將它放置在通風好的地方。而且，最好在傍晚時充分澆水，讓植株降溫，也讓植株充分地濕透。

以不耐暑熱的原生種為母株雜交而成的雜交種，也有一些不耐高溫。如果不能栽植色彩鮮豔的原生種，也可以栽植同色系的雜交種。

Q 如何施肥的方法？

美洲仙履蘭的長勢不是很好，請問該什麼時候施肥？施什麼樣的肥料？施肥的量多少才好？

A

美洲仙履蘭是一種比較需要肥料的洋蘭。栽植美洲仙履蘭必須時常澆水，如果和其他的洋蘭等量施肥，肥料就會不斷地從花盆中流失，所以在施液體肥料時，要按規定倍率的兩倍稀釋後再替植株充分施肥，植株就會長得很好，花也會開得飽滿鮮豔。要在春季到初夏、秋季施肥，因為在氣溫很高的夏季，植株不耐暑熱，所以要停止施肥。

besseae

Q 如何浸水栽植仙履蘭？

聽說可以用浸水法來栽植仙履蘭。把基部浸入水中真的不會腐爛嗎？

A

美洲仙履蘭原本生於岩石多且裸露的小瀑布邊和常年滴水的岩壁上，。所以，栽植美洲仙履蘭的最大特點就是要澆水充分，極端的例子就是用浸水栽植。並非所有的美洲仙履蘭都適宜用浸水栽植，但是大都不會出現根腐爛的情形。

schlimii

用浸水栽植最要注意就是必須用新鮮的水。如果水不新鮮就會導致基部腐爛。所以每天都要用新鮮的水澆花。

浸水栽植有利亦有弊。如果不用浸水，採用每天從植株上方充分澆水的方法，也可以使美洲仙履蘭生長良好。

浸水栽植

把花盆放入盛滿水的托盤裡，每天都從植株上方澆水，並更新拖盤內的水。

文心蘭

蘭科文心蘭屬

月	開花期	放置場所（遮光率）	澆水	肥料	主要作業
1月	因種類不同而有差別	室內（明亮的地方）	長時間稍微潮濕		
2					
3					換盆・分株
4		戶外	一般	固體肥料、液體肥料	
5					
6					
7		戶外（30～40%）	稍多		
8					
9			一般	液體肥料	換盆・分株
10		室內（明亮的地方）	長時間稍微潮濕		
11					
12					

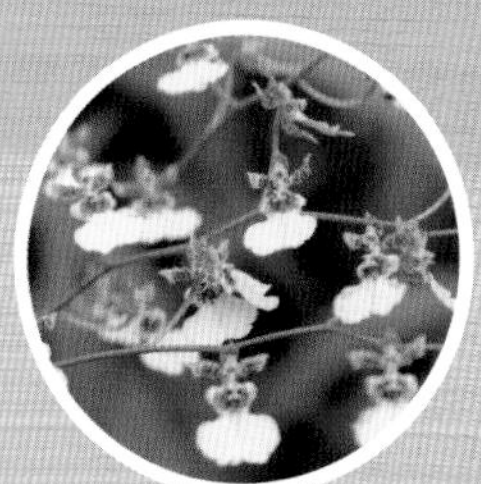

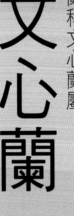

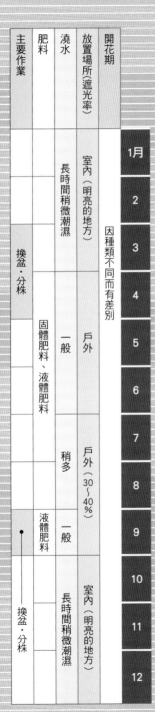

Q 開花期是什麼時候？

文心蘭什麼時候開花？我發現園藝店裡的文心蘭一年到頭都開花。

A

大部分的文心蘭沒有固定的開花期。伸出新芽、形成球莖後就長成花芽了。溫室栽植的文心蘭即使外在環境變化也可以一整年開花。而家庭栽植都是從春季開始伸出新芽，初秋時長成球莖，再長出花芽，所以大都是在秋末到冬季時開花。另外，也有在秋季伸出新芽、春末時新芽完全長成後在初夏時開花。只要讓植株很好地生長，花就會一朵一朵地開放了！

Mayfair 'yellow angel'

Q 花蕾為何變黃了？

文心蘭的花蕾膨大起來時，卻突然變黃了，怎麼辦才好？

A

有時候花蕾會在快開花時變黃凋落，不過文心蘭開花的數量很多，對少量的花變黃凋謝的現象可以不必過於在意，但如果數量太多，就必須考慮改善管理方法了。檢查看看是不是澆水不足、基部腐爛、空氣濕度不足（乾燥）、放置的場所太靠近暖氣設備等。

要注意花蕾伸出時不能讓花盆內極度乾燥，要充分澆水。如果基部腐爛，就要把花剪掉，馬上進行換盆，否則植株會逐漸衰弱。如果是因為空氣濕度不足或使用暖氣機造成，就要避開暖氣機出風口，每天噴水幾次，或使用加濕器，也可以保持空氣的濕度。

Q 為什麼不冒花芽？

我栽植的文心蘭植株長得很大，卻長不出花芽，真教人著急？

A

文心蘭的植株長勢很好，卻不開花的原因是光照不足所造成的。文心蘭是非常喜歡陽光的洋蘭，但如果陽光太弱，植株也可以長得好，很難判斷為什麼不開花。如果葉子和球莖的顏色呈綠色，葉子而生長緩慢，就表示光照不足。如果光照充足，葉子稍顯淡黃綠色，開花狀況就會很好。

如果植株長得很好卻不開花，可在避免葉子曬傷的前提下，讓植株有長時間的日照。如果花開得很好，就要用遮光網調整日照的強度。最好先清楚房子應該遮光多少，只要掌握適當的日照強度，植株就會茂盛、葉子不會曬傷，花也開得燦爛。在盛夏日照最強的時候，遮光率要以百分之三十到四十為準。

Jiuhbao Gold 'Tainan'

Q 可以和其他種蘭花一起栽種嗎？

可以把文心蘭和其他的洋蘭栽種在一起嗎？

A

如果和其他洋蘭一同栽植，就要給文心蘭澆更多的水。不過要避免水分過多，以免基部腐爛，導致球莖乾皺，葉子也會變得沒有生氣而下垂。盛夏時節要讓植株充分浸水，其他季節就要稍微保持乾燥。

Q 該如何施肥？

春天到了，想給文心蘭施肥，不知道施哪種肥料好？

A

春季到初夏這一段時間，固體肥料和液體肥料要同時使用。在盛夏最熱的季節要停止施肥。九月後到秋末這一段時間要接著施肥，但秋季只能施液體肥料。冬季氣溫降低後也要停止施肥。

固體肥料用油粕或化學肥料都可以，施肥的量和更換的期限，必須嚴格按照說明書來操作。液體肥料的稀釋倍率因產品而有所不同，必須按照規定的稀釋倍率，或比其稍稀的倍率每週施用一次，如果施肥的濃度超過規定的稀釋倍率，就會傷及植株的基部，使植株衰弱，所以一定要注意。

Q 為何植株向上伸長？

文心蘭的植株旺盛地向上生長，花盆都快要倒了，該怎麼辦？

A

文心蘭通常都是往上生長的。大約兩年後就會在栽植介質上形成球莖，導致花盆不穩定。如果花芽伸出前來不及換盆，可以把文心蘭連盆放入另一個大一圈到兩圈的花盆裡，防止它翻倒，這種方法稱為「套盆」。如果不這樣做，往往會因為花盆翻倒而導致花芽折斷。

在不長花芽的春、秋季節進行換盆時，可把伸出栽植介質的球莖埋入栽植介質的下面。

也可以採用接近文心蘭野生狀態的栽植方法，就是把伸出栽植介質的球莖剪掉三個左右，再將它綁在稍大些的軟木板或蛇木板上，不久之後，文心蘭的

ornithorhynchum

基部就會牢牢抓住，採用此法最適宜的季節是春季。如果採用這種栽植方法，要記得常常澆水否則植株會變乾。

Q 需要摘芽嗎？

文心蘭長出很多新芽，可以直接栽植嗎？還是需要摘芽呢？

A

相較於其他品種，文心蘭會長出很多新芽。栽植東亞蘭需要摘芽，但對球莖很粗且長勢很好的文心蘭來說，也可以留下新芽。因為文心蘭是一種很健壯的洋蘭，就讓冒出的新芽長成漂亮的植株，不必先摘芽。

偶爾也會有從球莖皺皺巴巴的植株上，異常地長出很多新芽。這種情況往往是因為植株基部腐爛，才會長出那麼多的新芽。如果不採取摘芽措施，不但新芽不會長大，植株也會衰弱，建議，把一個最大的新芽留下，馬上進行換盆。等新的基部長出一年左右，植株就會恢復原來的生氣了。

文心蘭

Q 該如何處理基部向外伸長的根？

文心蘭有很多白色的根從花盆內伸出，可以把這些冒出外面的基部剪掉嗎？

A

文心蘭的白色基部會很有勁地往花盆外生長。在野生狀態下，白色根會順著岩石和樹木爬伸，附生在上面。這些伸出的根對文心蘭來說非常重要，不能剪掉。即使它們露在栽植介質外面，仍能充分發揮基部的作用。澆水的時候，不僅要浸濕花盆裡的基部，也要把伸出在外的基部淋濕。如果不淋濕這些外部的根，根的尖部就會變成褐色，且完全乾枯。充分澆水可以讓基部很有生氣地生長，令人賞心悅目。

cheirophorum

Q 何時該換盆？

栽植的文心蘭該換盆了，哪一個季節換盆比較好？

A

文心蘭最適宜的換盆時間是春季，和大多數的洋蘭一樣，在四月到五月期間進行換盆，到了初夏至秋季，植株就會長大並開出很好的花。如果錯過春季換盆，九月份換盆也可以。

文心蘭是很強壯的洋蘭，大致上在暑夏也可以換盆，只是此時換盆文心蘭的球莖會比較小，所以還是儘量在春季換盆。

換盆的時候，要把伸到外面的根用栽植介質包起來，埋在花盆裡。換盆後文心蘭會由這些根吸收水分，隨後不斷伸出新根。文心蘭喜歡往上生長，所以換盆的時候，要將主要的球莖栽植在花盆上面，次要的球莖也可以埋在栽植介質裡。

Gower Ramsey 'Shell White'

換盆

把次要的球莖埋在栽植介質中。

obryzatum

Q 如何選擇栽植介質和澆水？

用什麼樣的栽植介質文心蘭才會長得好呢？介質不同，澆水的方法也不一樣嗎？

A

文心蘭是一種不挑剔栽植介質的洋蘭。大多數洋蘭使用的水苔、混合介質、椰子殼碎片等都可以。文心蘭的基部不適合濕透，所以不管使用什麼栽植介質，都推薦使用素燒花盆。

根據栽植介質的不同，澆水的頻率當然也有所差異。用水苔，澆水後要等待乾燥後再澆水。用混合介質和椰子殼碎片，因為水會乾得很快，所以澆水要勤快。不管用什麼栽植介質，如果採用乾濕交替的澆水方式，植株就會長得很好。

Twinkle

Q 花蕾被某種東西吃掉了

花蕾膨大出來了，有一天卻發現被某種東西吃掉了，周邊發現有發亮的痕跡，這是什麼呢？

A

這是被蛞蝓危害後留下的痕跡。蛞蝓的破壞速度驚人，一個晚上就可以危害大面積的文心蘭。特別是花蕾剛冒出的時候很柔軟，最容易受到危害。蛞蝓爬行後會留下發亮的線條，所以一眼就可以看出是蛞蝓惹的禍。

建議將蛞蝓驅除劑灑在花盆上和植株的周邊。驅除劑有蛞蝓喜歡的氣味，蛞

蛞蝓

蝓吃了之後就會死亡。大多數蛞蝓驅除劑遇到水會被稀釋藥效降低，所以不要在澆水後噴灑，要等到花盆和周邊都乾燥了之後再施藥。

當文心蘭要從戶外搬到室內時，要先檢查花盆底下等地方，預防蛞蝓蟲害。中午的時候，蛞蝓往往會躲藏於陽光照射不到的花盆底部，一旦發現蛞蝓就用小鑷子把牠去除。

貝母蘭

蘭科貝母蘭屬

月份	開花期	放置場所(遮光率)	澆水	肥料	主要作業
1月	從冬季到春季開花的品種	室內（光線明亮的地方）	一般		
2					
3					換盆・分株
4		戶外		固體肥料、液體肥料	
5					
6	初夏開花的品種		稍多		
7		戶外（30～40%）			
8				液體肥料	
9					
10		戶外	一般		
11		室內（明亮的地方）			
12					

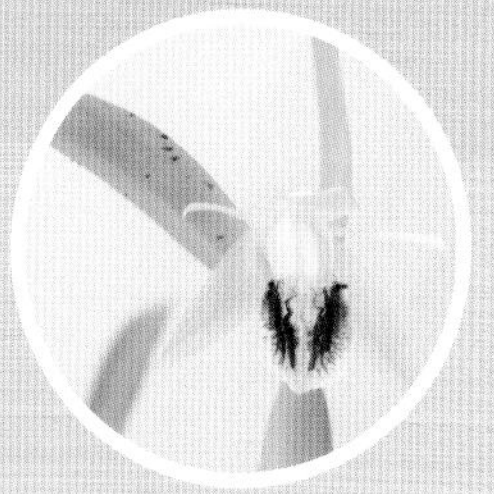

Q 北方系和南方系有何不同？

聽說貝母蘭很耐寒，但是我家的貝母蘭卻在冬天乾枯了，明明照料得很好，這是什麼原因呢？

A

會乾枯的貝母蘭大概是屬於南方系的品種吧！雖然貝母蘭很耐寒，但也有不耐寒的品種。

貝母蘭中有cristata和ochracea等極耐寒的北方系喜馬拉雅山原生種，和原產馬來半島和婆羅洲的spesiosa和pandurata 等很不耐寒的南方系品種。北方系品種的花大多是白色的，南方系品種的花大多是綠色和淡茶色。雖然也有許多特例，但基本上可以從花色上區分品種。北方系品種即使在攝氏二至三度的低溫也完全沒有問題，南方系品種冬季的最低溫度大約攝氏十度。如果不能確定栽植的貝母蘭是屬於哪個系，就難斷定栽植溫度多少比較適合。

整年栽植時，根據品種屬系的不同，在秋季到冬季期間的管理也不一樣的。冬季時，北方系品種在戶外氣溫降到攝氏兩到三度前，最好將它放在戶外，植株就會長得很好，花也會開得很好。南方系的貝母蘭如果戶外氣溫降到攝氏十度左右後沒有移置室內，植株往往會因寒害而衰弱。

Cosmo-Crista

Q 如何澆水呢？

聽說貝母蘭喜水，應該澆多少水才恰當呢？

A

不論是北方系還是南方系的貝母蘭都喜愛水，栽植的介質最好保持潮濕狀態。

尤其是夏季，一定要十分注意澆水。澆水除了供給水分，還有冷卻植株的作用。特別是栽植北方系（cristata、intermedia、ochracea等）品種的時候，早上要進行一般的澆水，上午十一點和下午兩點左右、傍晚時分，則要進行淋浴般的澆水，把植株淋透，可以降低被日照後的溫度，如此一來，不耐暑熱的北方系品種也可以生長地很好。

spesiosa

從秋季到冬季期間，澆一次水後往往很難乾，所以七到十天澆一次水即可。入春後花芽開始生長，就要增加澆水量，花蕾就會長很大，開出很漂亮的花。如果秋季長成的球莖，在冬季到春季期間變得乾癟，就表示植株缺乏水分。

Q 如何施肥呢？

我想讓貝母蘭在明年開出很多花，應該施什麼肥料才好？液體肥料可以嗎？

A

貝母蘭是一種很喜歡肥料的洋蘭。即使是很小的植株，如果不好好施肥就長不出好的球莖。施肥時，通常都是固體肥料和液體肥料同時使用。

Memorya LouisForget

flaccida

四月到七月施固體肥料時，把固體肥料灑在花盆上面。不同的肥料，施肥的量也不一樣，一定要仔細閱讀說明書施用符合花盆尺寸的量。液體肥料要從四月開始，每週充分施肥一次，一直到十月初完成。但是要記得在八月氣溫高的時候停止施肥二至三週。液體肥料的稀釋倍率也是根據產品的不同而有所差異，一定要嚴格按照規定的倍率稀釋後施肥。

最好是將有機肥料和化學肥料搭配使用。栽植貝母蘭所用的固體肥料，最好用油粕調配的有機肥料，液體肥料最好用化學肥料。

Q 為什麼不開花？

我栽植的貝母蘭一直不開花，會是什麼原因？怎樣才能讓它開花呢？

A

貝母蘭不開花的原因有很多。應該是植株發育不好導致不開花，而這往往是因為春季到秋季期間沒有澆水、施肥不足，植株沒有長大。重新給植株充分澆水、施肥，再挑戰一次吧！

也可能是日照不足。如果植株生長得很好，球莖也很肥大卻不開花，就是日照不足造成的。一般人誤解貝母蘭也可以在遮陰處栽植，其實貝母蘭是很喜歡陽光的。只要在春季到秋季

uniflora

球莖長成前這段時間給予足夠的日照，花芽就會伸長出來。尤其是在夏季到秋季這段時間，如果日照不足，往往導致植株雖然生長卻長不出花芽的後果，所以一定要找一個有長時間日照的場地來栽植貝母蘭。日照的強度也很重要，盛夏的時候要將貝母蘭放在遮光率為百分之三十至四十的遮光網下栽植。

還有一個特殊的例子，在南方系的貝母蘭當中，有一種在花芽形成時期必須保持乾燥的品種。這個品種從秋初開始一個月不澆水，其後才能在伸出的新芽中長出花芽。如果和其他的貝母蘭一樣充分澆水，不管栽植多少年都不會開花。

cristata hololeuca 'Pure White'

Q 如何修剪凋謝的花莖？

貝母蘭的花朵盛開了，花要謝的時候，最好在什麼位置剪除呢？

A

貝母蘭有兩種開花方式，一種是從球莖的基部伸出花芽後開花，另一種是從球莖的基部伸出新芽，再從新芽中間伸出花芽。

從球莖的基部伸出花芽的品種，花謝後從球莖的基部還會伸出新芽，所以要用消毒過的剪刀從花芽的底部把花莖剪除。

從新芽中間伸出花芽的品種，花謝後新芽還會長大成球莖，所以在剪花的時候，必須注意不能剪到新芽的部分。

修剪花莖
從球莖基部伸出花芽的品種，從花芽的底部剪除。
從新芽中間伸出花芽的品種，要注意不能剪除新芽。

如果不清楚是哪一種品種，就只需在花謝後把花柄剪掉，留下花莖。幾個月後，就會明白是哪種類型了。

Q 如何才能培育出大的植株？

貝母蘭的植株很漂亮、很大，花多得數不勝數，要怎樣才能栽植出大的植株呢？

A

相較於其他的洋蘭，貝母蘭是一種比較容易栽植成大植株的洋蘭。形成大的植株需要一定的年數。即使把小的植株馬上栽植進大的花盆內也不會長成大的植株。慢慢栽植，花盆逐漸換大，歷經三到五年的時間才能長成大的植株。

如果是球莖和球莖之間有間隔的品種，還可以把水苔包覆到軟木棒上，再把球莖綁在上面栽植。互相纏繞生長的球莖就會把其間的水苔包或圓形，埋在下面的球莖基部也會伸展。用這個方法會把舊球莖埋在下面，幾年內重複一次這種方法，就會把植株慢慢培育成球狀。

其實大植株沒有什麼特別的培育方法。花很多功夫，創造出別獨出心裁的方法不是更有意思？

Q 球莖上怎麼會出現皺褶？

貝母蘭的球莖上有皺褶，這是什麼原因呢？不管它可以嗎？

A

貝母蘭球莖上有皺褶，大多是由於澆水不足、栽植介質太乾所致。尤其是在冬季，如果和文心蘭、嘉德麗雅蘭等一起栽植，就要特別注意澆水的狀況，因為文心蘭等不需要太多的水，但貝母蘭即使在冬季也要充分地澆水。希望球莖上不要有皺褶的祕訣就是，不能讓栽植介質變乾。如果球莖上皺了後，植株會衰弱，花也會開得很瘦小，還會導致接著長出的新芽細長瘦弱，所以一定要注意不要讓球莖上長皺褶。

如果澆水充足，球莖卻變細瘦就是因為基部腐爛導致的。最常見的是換盆後施肥過量，阻礙了從初夏開始的基部發育，所以換盆後一個月內不能施肥，直到長出新根後就必須施肥。另外，夏天氣溫高，容易傷及基部，這是由於在盛夏，夜間氣溫並沒有降低，如果在傍晚進行淋浴灌水，花盆內部的溫度仍然很高，這樣就會悶傷基部。如果肥料和夏季的高溫造成基部受傷，根就不能吸收水分，導致球莖上長出皺褶。

基部受傷後，如果不進行換盆，植株健康就無法改善。如果發現植株有搖晃等基部受傷的情形，不管什麼季節，馬上進行換盆，防止植株變衰弱。

mooreana

Q 球莖怎麼會破裂了呢？

秋末的時候，貝母蘭的球莖破裂了，可能是哪些原因呢？

A

從秋末到冬季這段時間，如果把貝母蘭放在溫度低的戶外，球莖就會長得很大。如果水分和肥料到秋末都很充足，貝母蘭的長勢就會很好，球莖經常會有裂開的現象。這是植株長勢好的證明，所以不必擔心。即使植株球莖裂開，也不會導致病害侵入，也不會腐爛。能夠長得這樣大的球莖上，一定能開出又大又漂亮的花。就請耐心期待漂亮的花，等著花芽伸出吧！

fuliginosa

Q 葉子背面為什麼有黑色的斑點？

夏季，葉子的背面長出了黑色的斑點，到了秋天氣溫轉涼後植株仍然生長得很好，這是出現什麼病害嗎？

因生理障害而出現的褐色斑點。

A

大多數的貝母蘭的葉子背面都會長出黑色或褐色的斑點，這並不是什麼病害，僅僅是生理障害。舊葉子的背面比較容易長這種斑點，新葉子的背面很少長。為什麼會長這種斑點，原因並不很清楚，恐怕是不適應生長環境時的反應吧！特別是在暑夏的時候更容易發生這種情形，一旦斑點長了就不會消失。

這大概是原產於涼爽地方的洋蘭的一種特性。目前也沒有什麼特別的處置方法，如果長在舊葉子上有礙雅觀，就用消過毒的剪刀將它剪掉吧！儘量將貝母蘭放置於它喜歡的環境中栽植，就不會發生這種症狀了。

marmorata 'cotton'

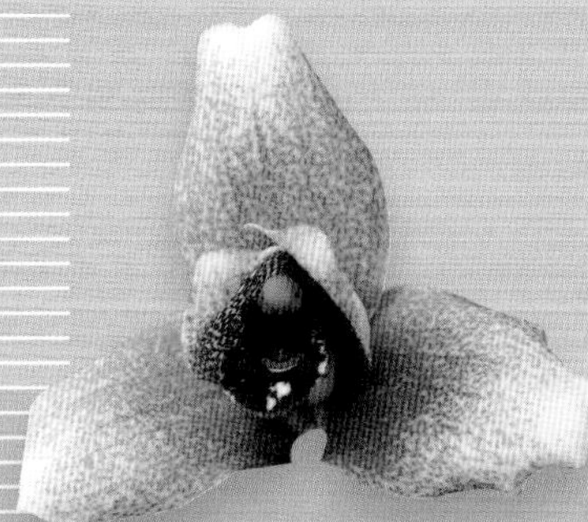

捧心蘭

蘭科捧心蘭屬和鬱金香蘭屬以及兩屬雜交種

月	開花期	放置場所(遮光率)	澆水	肥料	主要作業
1月	從冬季到春季開花的品種	室內（明亮的地方）	一般		
2	從冬季到春季開花的品種	室內（明亮的地方）	一般		
3	從冬季到春季開花的品種	室內（明亮的地方）	一般		換盆・分株
4	從冬季到春季開花的品種	戶外	一般	固體肥料、液體肥料	換盆・分株
5		戶外	一般	固體肥料、液體肥料	
6	夏初開花的品種	戶外	稍多	固體肥料、液體肥料	
7	夏初開花的品種	戶外（60～70%）	稍多	固體肥料、液體肥料	
8		戶外（60～70%）	稍多	液體肥料	
9		戶外（60～70%）	稍多	液體肥料	
10		戶外	一般	液體肥料	
11	從冬季到春季開花的品種	室內（明亮的地方）	一般		
12	從冬季到春季開花的品種	室內（明亮的地方）	一般		

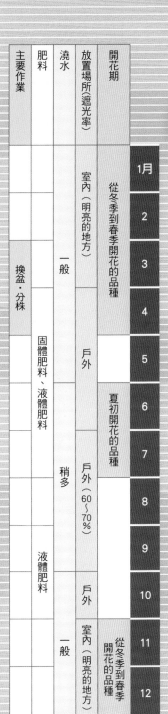

Q 為什麼入冬後葉子會凋落呢？

初春的時候，我買了捧心蘭來栽植，從春季到秋季一直生長得很順利，入冬後葉子卻變黃凋落了，要不要緊呢？

A

捧心蘭分落葉性品種和常綠性品種。在冬季開粉色和白色大花的植株基本上是常綠性品種；在初夏開黃色小花的屬於落葉性的品種。

落葉品種從秋末到冬季氣溫降低後，葉子會慢慢變黃凋落，這是自然現象，不必擔心。葉子凋落後，球莖上會留下刺，要注意不要被扎傷。

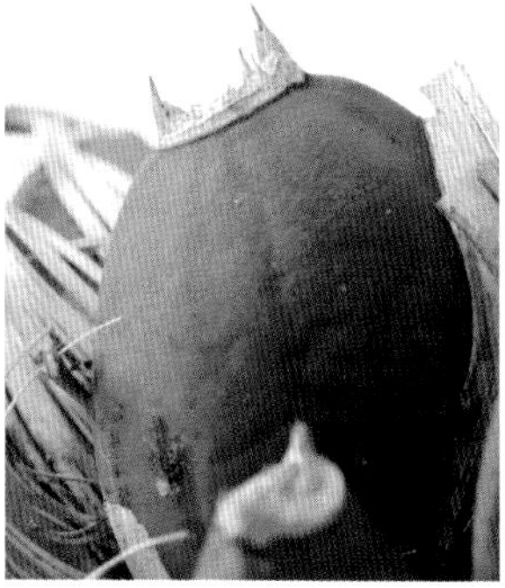

落葉後，最好把球莖尖端的刺剪掉。

常綠品種在嚴寒的情況下，葉子也會變黃凋落。在冬季時葉子凋落也沒什麼問題，不用擔心。

其實，不管是哪一種捧心蘭，葉子都不可能連續幾年都保持常綠，即使是常綠性的，葉子也會在一年半到兩年後凋落。

Q 捧心蘭不耐暑熱嗎？

我打算嘗試栽植捧心蘭，可是聽說捧心蘭不耐暑熱，如果環境溫度較為溫暖就不能長得很好，是真的嗎？

A

以前會聽到有人說：捧心蘭是一種不耐暑熱的洋蘭。的確，有一部分的大花原生種產於熱帶兩千公尺左右的高山，所以不能度過炎熱的夏天。

最近販售的雜交種都是經過改良、十分耐熱的品種，夏天只要充分的澆水，在很熱

Koolena 'RoyalBeauty'

cruenta

的場地所也能栽植。另外，在初夏開黃色花的捧心蘭，原本就是很耐熱的品種，即使中午氣溫高達到攝氏四十度，也可以很有生氣地生長開花。

現在不耐暑熱的品種基本上都不販售了，所以請放心地栽植。不過，捧心蘭畢竟還是一種喜歡涼爽的洋蘭，所以在炎熱的夏季，一定要記得充分的澆水和維持良好的通風。

Q 冬季耐寒的最低溫度是幾度？

買了捧心蘭，聽說它很耐寒，那麼冬季要維持在多少度才合適呢？

A 捧心蘭是一種比較耐低溫的洋蘭。雖說可以耐極低的溫度，但是冬季的最低溫度最好保持在攝氏十度左右。即使晚上一時降到攝氏五度，也不會傷及植株。但是，對於花蕾和新芽開始伸長的植株來說，如果遇到低溫，花蕾就會壞掉，伸出的新芽也會腐爛。捧心蘭的新芽很重要，一定要注意在新芽開始伸出的時候不要讓它受寒。如果新芽腐爛了，植株的生長也會停止。

Q 如何澆水呢？

聽說捧心蘭很喜歡水，每天都要澆水嗎？澆很多水也可以嗎？

A 捧心蘭喜歡一年到頭都有濕氣。捧心蘭原產於中南美洲的熱帶雨林中，喜歡植株和基部都被霧氣和雨水淋濕。所以，即使家庭栽植的時候，夏季要充分澆水，冬季也必須保持栽植介質不乾燥。和文心蘭相比，捧

鬱金香蘭

心蘭澆水量要更多些。

根據栽植介質的不同，澆水的頻率也有所差異，基本上盛夏時每天都要澆水，冬季一周澆水二至三次，最好要澆透。

Q 請問捧心蘭的施肥方法？

我栽植了捧心蘭，應該怎樣施肥才好？想請問施肥的時間和肥料的品種類。

A

捧心蘭要在新芽開始伸出後施肥，新芽一般都是在春季中旬開始伸長，所以要從四月開始施肥，十月初後就停肥。

如果是使用樹皮栽植，就要在春季這三個月內，持續把固體化肥撒在花盆上，也要再施液體肥料。在八月氣溫高的時候要停止使用液體肥料，除此之外，還要每週施肥一次。由於要施用兩種肥料，因此施液體肥料時，稀釋倍率要比規定的倍率高些。如果說明書上寫的是稀釋一千倍，那就要把它稀釋到一千五百倍，這樣就不必擔心肥效過高了。

如果到春末植株還沒有伸出新芽，就不要施肥。如果新芽在初夏和秋季伸出，就只使用液體肥料。再晚些時候，即使新芽伸出，也要在十月初氣溫下降後停止施肥。

Marionette 'Apricot '

Shonan Beat

Q 可以把雜亂的葉子綁起來嗎？

捧心蘭的大葉子有點亂，可以把它剪掉或是綁起來嗎？

A

春季到秋季，捧心蘭通常是放在戶外，所以有足夠的空間讓它伸展。等到秋天要移室內時，問題就來了。

從春天到秋天的生長期間，新芽要在大葉子裡面展開生長，這段期間絕對不可以把葉子綁起來。植株間一定要保持一定的間隔，好讓葉子不會互相碰觸，通風良好，植株也會長得很好。如果挨得太緊，大葉子長得雜亂，澆水時水分就不能充分地流進花盆裡，所以保持植株之間的間隔是很重要的。

秋末冬初時節，常常有人為了怎麼樣將捧心蘭搬入室內而煩惱。對於落葉性的品種，也許它的葉子已經落盡，或者變黃凋落了，問題也就不大。至於，常綠性品種的葉子仍然很茂盛，不過因為沒有必要留下這些大葉子，因此可以把每個球莖的上的葉子圈綁起來，用消毒過的剪刀把雜亂的葉子剪去一半。如果想留下葉子作為開花時的裝飾，也可以暫時把葉子綁起來，等到開花後再將它展開，就能欣賞到捧心蘭優雅的姿態了。其實，把葉子剪掉是不會影響開花，只是會覺得植株有些冷清而已。

把葉子輕輕圈綁起來，固定到支柱上。

Q 何時適合換盆呢？

捧心蘭要在什麼時候換盆比較好呢？我家的捧心蘭換盆之後，新芽一直沒有長出來，這是什麼原因呢？

A

對於捧心蘭的換盆時間，專家們也是眾說紛紜。因為如果弄錯了捧心蘭的換盆的時間，往往導致要長成新芽的部分（潛芽）不生長，或是腐爛。而且，捧心蘭球莖上的潛芽比其他洋蘭少了許多，萬一潛芽腐爛或折斷，植株就不會再生長。嘉德麗雅蘭一個球莖上有三至四個潛芽，東亞蘭有五個以上，但是捧心蘭卻只有兩個。

比較安全的換盆時間，是在新芽稍稍開始伸出的時候。新芽大多在春季伸出，這個時候是最好的換盆時機。但是，有時候花芽會同時伸出，這種情形就要等待花開，欣賞完花開後再進行換盆。新芽長大後，球莖往往還沒有長成，這個時候進行換盆也沒有什麼大問題。在初夏時，花芽和新芽是同時伸出的，所以要在花謝後進行換盆。

很少見的例子是新芽在冬季伸出，這種情況有些麻煩，必須等到入春後再進行換盆，最好在三月分換盆。在新芽未伸出前就換盆是有風險的，雖然看起來球莖比較大，但換盆後常常發生好幾年新芽都伸長不出來的後果，甚至植株乾枯。家庭栽植不宜過於冒險，一定要等新芽稍稍開始伸出後，再進行換盆。

Khentiyn

Q 如何選用栽植的介質？

我想要進行換盆，什麼樣的栽植介質最好呢？哪一種是既有利於植株生長，又比較不費事的？

A

捧心蘭使用最多的栽植介質是樹皮。如果使用極小顆（S或SS尺寸）的樹皮，捧心蘭就會長得很好，所以多為養花者選用。東亞蘭等都是用樹皮和浮石混合在一起使用，捧心蘭大都是用單一成分的極小顆樹皮；捧心蘭討厭基部乾燥，最好選用塑膠花盆，盆內全部使用同樣的樹皮。樹皮兩年左右就會腐爛，所以要兩年進行一次換盆。除了樹皮之外，也可以選擇塑膠花盆加上水苔來栽植，植株就會生長得很好。

使用樹皮和水苔的最大的別在於，栽植時的難易度。捧心蘭的根並不是很多，換盆時不要太粗魯，儘量保住基部的完好。如果使用樹皮栽植的植株，就比較容易去掉舊的介質；若是使用水苔，還要將基部解開，比較費功夫。所以，樹皮栽植比較受歡迎。

Q 如何讓花一次開放？

我家裡的捧心蘭，在十一月開花一次，二月也會開一次，可以讓它一次開久一點嗎？

A

大花品系的捧心蘭通常在十一月開花，花謝之後，到了二月還會再開一次花。如果想讓它只開一次，一定會很華麗、漂亮。再次芽開花是捧心蘭的特質，想依照主人的喜好來控制花期，是很困難的事。

捧心蘭的花芽是如何形成的，目前專家也還不清楚；是在什麼樣的狀態下形成很多的花芽，仍然在觀察研究中。至今捧心蘭還是要依賴經驗來

Sunsports

栽植。最近有很多新出的雜交品種，可以在某種程度上集中開花，建議還是讓花一點一點地長時間的開放，好好的欣賞吧！

Q 舊的球莖腐爛後該怎麼處理？

新的球莖是綠色的，旁邊的舊的球莖腐爛了，如何處理比較好？

A

捧心蘭的球莖在四至五年後就會逐漸變黃，其中也有變成褐色腐爛的。最初是有水浸狀的樣子，最後就變乾了。

這並不是什麼病害，一般來說置之不理也不會有問題。建議只要在換盆的時候，把它清掉就可以了！

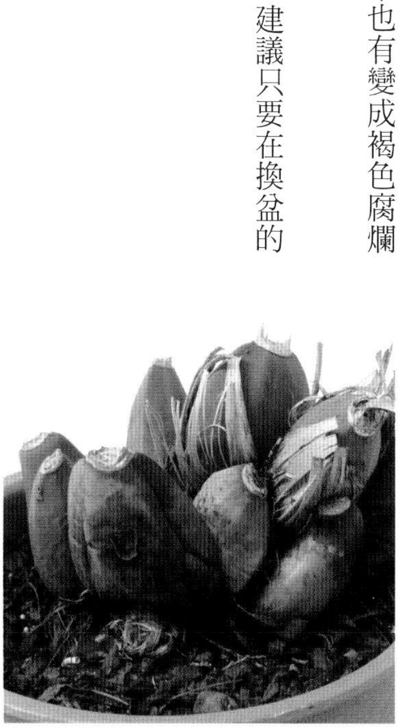

腐爛的舊球莖不是病害，不必擔心。

樹蘭

蘭科樹蘭屬

月	開花期	放置場所(遮光率)	澆水	肥料	主要作業
1月	因種類不同而有差別	室內（明亮的地方）	一般		
2					
3					換盆・分株
4		戶外		液體肥料	
5					
6					
7		戶外（30～40%）	稍多		
8					
9			一般		
10		室內（明亮的地方）			
11					
12					

Q 讓花開到什麼時候好呢？

樹蘭的花會連續開幾個月，讓它開到什麼時候好呢？

A

樹蘭一旦開花，就會連續開幾個月。這是樹蘭的特性，所以讓花開到什麼時候都沒關係。隨著花莖伸出，花姿就會有些凌亂，觀賞到什麼時候由養花者決定。

如果不在意花莖彎曲著開花，就讓花一直開到凋謝吧！另外，花莖也不要剪掉，如此一來，明年還會長出新花莖，開花。

或者，你也可以把開得很漂亮的花，剪下來放在瓶子裡可以欣賞很長的一段時間喔！如果覺得只把樹蘭的花莖剪下來，看起來單調、冷清，不妨連同花莖下方帶葉子的部分一併剪下，就美觀極了。

radicans系

從舊花莖上長出的新花莖。

Q 耐寒性有多高？

樹蘭可以忍受多低的低溫呢？聽說極為耐寒，這是真的嗎？

A

樹蘭是一種廣泛分布於中南美洲的洋蘭。它討厭嚴寒，冬季的最低溫度要求在攝氏十度左右。夜間如果只有幾個小時低於攝

Wedding Ballet 'Sakura'

氏十度是沒有大礙，但如果過於寒冷，葉子就會凋落，植株逐漸衰弱。樹蘭受寒後，雖然植株看起來還有生氣，但葉子會從下面開始凋落，植株會變紅，出現受寒的症狀，此時就要立刻把樹蘭移動到溫暖的地方。冬天的夜間溫度，最好保持在攝氏十度左右。

Q 如何澆水呢？

栽植了樹蘭，但是不太明白澆水的方法，應該間隔多長時間澆水才好呢？

A

野生的樹蘭是生於稍微有些乾的草叢中，是一種較耐乾燥的洋蘭。栽植介質乾也好，濕也好，植株本身看起來都沒有什麼變化，但是如果澆水過量，栽植介質一直潮濕，基部就會腐爛。但是，從莖上伸出的根可以很好地吸收水分，所以即使花盆內的根腐爛後也不會像其他洋蘭一樣，植株馬上衰弱。不過，如果花盆內的基部腐爛，植株就很難直立了。

理想的澆水方式是，一次充分澆水後，要等栽植介質完全乾了之後再澆水。冬季氣溫低的時候，有時候澆一次水之後，一至兩週都不需要再澆水了。

要特別注意的是，澆水的時候，基部和整個植株都要充分濕透。

Orange Glow

Q 如何施肥呢？

給樹蘭施用了有機固體肥料和液體肥料，植株就會長得很快，施用兩種肥料可以嗎？

A

給樹蘭充分施肥時，最好要稍微控制一下施肥的量。

從四月下旬到九月底，要每十天施放一次按照規定倍率稀釋後的液體肥料。相較於其他的洋蘭，樹蘭施肥的量要稍微少一些。

Wedding Ballet 'Churasanafter'

Q 葉子為什麼突然變紅了？

明明長勢很好，樹蘭的葉子卻突然變紅了，怎麼樣才能培育出漂亮的綠色植株呢？

A

如果樹蘭的葉子在冬季變紅，可能是溫度太低所導致的；如果是在春季到秋季變紅，就是其他的原因了。樹蘭是一種十分喜歡日照的洋蘭。在盛夏日照最強的時候，如果沒有進行遮光措施，葉子就會變紅。想要栽植出好看的樹蘭，就要採取遮光百分之三十的措施。

另外，施肥過量也會影響葉子的顏色。長年持續施肥過多，舊葉子往往會變紅。這是因為植株蓄積過多的肥料，造成生理障害的現象。所以，施肥時千萬不要過量。

Q 莖為什麼散漫地伸長？

樹蘭伸出的莖散亂地彎曲、倒伏了，該怎麼辦才好？

Venus Ballet 'Red Diamond'

A

樹蘭原本就是欣賞它粗野散漫的花姿，長年栽植之後，花莖會漫無方向的生長。經過改良的品種，已經變得比較直立了，不過莖還是會倒下。植株較大或是合植時，因為莖的數量太多，如果一根一根地架立支柱會很麻煩，所以，把三、四根稍粗的支架，間隔均勻地插在花盆邊上，用繩子或塑膠繩把植株的中間部分和上方部分綁在支架上，以防止植株倒伏。

如果想讓植株直立生長，就要讓它接受更強的日照。在冬季把樹蘭放在室內，莖就會向能照射到陽光的一方生長，如果一直保持同一個方向，莖就會斜著伸長，所以建議最好不定時地旋轉植株。

Q 為什麼會從莖上伸出根呢？

從樹蘭莖上長出白色的根，要把它剪掉嗎？剪掉後會影響原來的植株嗎？

A

樹蘭不僅會從莖上長出白色的根，還會像石斛蘭一樣長出高芽，再從高芽長出根。如果是高芽，就和石斛蘭一樣，可以將它換盆成小的植株。在根開始伸長的時候，用手指掐下或用剪刀剪下來換盆，就能逐漸長成大的植株。

樹蘭的高芽。

除高芽外，從莖上長出了根，在根的下部把莖剪下，換盆到別的花盆內。用與樹木一樣的壓枝法和扦插法來繁殖，被剪掉上部的舊植株還能長出新的芽來。只要植株長到一定程度，就可以用這種方法來繁殖新的植株了。

Q 為什麼開不出球狀的花？

我栽植的樹蘭開不出像市售漂亮的球狀花，到底是什麼原因呢？栽植的方法不一樣嗎？

A 想要開出又大又漂亮的球狀花，需要經過充足的日照培育，才能長出粗壯的植株。因為樹蘭是不長球莖的洋蘭，只能透過莖的大小和葉子的厚度來判斷植株的狀態。如果施用很多的肥料，當然會長出很粗的莖和肥厚的葉子，植株也會長得很高。所以，適量的肥料，充分的日照與延長日照時間，就會開出很漂亮的花了。

Q 什麼時候適和換盆？

什麼時候換盆比較好呢？由於春季時花仍然在開，改在秋季換盆可以嗎？

A 基本上樹蘭都是在春季進行換盆。樹蘭是很強壯的花，即使在花期換盆也不受影響。換盆後會有少許的花凋落，但是不久之後，就會開出新的花來。

樹蘭換盆時很容易長得凌亂，很難栽植成大植株，如果

Prince Ballet 'Sirasaki'

能反過來利用它的這個特性，進行合植也會很適合。

Q 使用什麼栽植介質好呢？

樹蘭換盆時，要選用哪一種栽植介質，以及哪種材質的花盆好呢？

A

建議最好用水苔來栽植樹蘭，也可以用樹皮，缺點是植株容易搖晃，不太容易栽植，有時候也會導致生長緩慢。

選用水苔栽植，那就用素燒的花盆，如果只有一根花莖時，儘量用小花盆。可以把高芽剪下來，再把植株的上部剪掉來繁殖，最好用2.5號左右的花盆。合植的時候用小花盆栽植就會長得很好。合植三至四株的時候，就用4號花盆，不要用太大的花盆來栽種。

Secret Ballet 'Orange Sugar'

Q 如何讓樹蘭開出華麗的花呢？

剛栽植的樹蘭苗，要多久才能像市售一樣，開出華麗的花呢？

A

以樹蘭來說，從一棵苗長成大的植株，需要許多的時間。市面上美麗的樹蘭，全都是換盆合植的，大盆的合植裡約有五至六株。

如果想從小苗開始栽植，到讓它開出美麗的花，最好是買數株到十株左右的樹蘭，並進行合植。近年來樹蘭的花色日漸豐富，用同花色的苗來合植，或是用多種顏色的苗來混植也很有意思。不妨創造屬於自己喜愛的組合盆栽來吧！能以這種方式欣賞的洋蘭並不多，所以請試試看。

Q 為何花上面會有小蟲子？

花上面附生了小蟲子，可能是蚜蟲，怎樣才能消滅牠？

A

入春後，天氣變暖，蚜蟲就會附生在花上。因為蚜蟲是黑色的，在白色和淡色的花朵上，很容易被發現。如果發現少量的蚜蟲，就要噴灑適用的殺蟲劑將它消滅。如果在一根花莖上發現蚜蟲，附近的花莖上肯定也有寄生，所以要對植株全體噴灑藥劑。如果置之不理，蚜蟲就會大量滋生，到時候就很難處理，所以要立刻採取措施。

如果不想噴灑液體殺蟲劑，也可以把具有滲透性的顆粒狀殺蟲劑灑在植株基部，只是藥效比較慢。

Rene Marques 'Flame Thrower'

軛瓣蘭

蘭科軛瓣蘭屬

	開花期	放置場所(遮光率)	澆水	肥料	主要作業
1月		室內（明亮的地方）	一般		
2		室內（明亮的地方）	一般		
3		室內（明亮的地方）	一般		
4		戶外	一般	固體肥料、液體肥料	換盆・分株
5		戶外	一般	固體肥料、液體肥料	換盆・分株
6		戶外	一般	固體肥料、液體肥料	
7		戶外（30～40％）	稍多	固體肥料、液體肥料	
8		戶外（30～40％）	稍多		
9		戶外（30～40％）	稍多		
10		室內（明亮的地方）	慢慢減少		
11		室內（明亮的地方）	一般		
12		室內（明亮的地方）	一般		

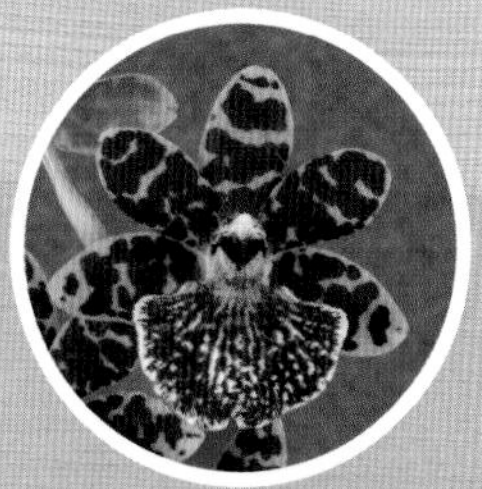

Q 軛瓣蘭耐寒的最低溫度是幾度？

聽說軛瓣蘭很強壯，容易照顧，它是不是也很耐寒？最低溫要保持在多少度，才能順利過冬？

A

軛瓣蘭原本生長在南美洲比較溫暖的地方，具有耐冬季低溫的特性。如果冬季的最低溫度在攝氏八至十度，就沒有太大問題；如果最低氣溫保持在攝氏十二至十五度，在冬季就可以欣賞花開；如果是攝氏八至十度的環境，那就要入春以後才會開花。

除了有耐低溫的特性外，軛瓣蘭還很強壯結實，即使第一次栽植洋蘭的人，也可以不費力氣地成功栽植，順利開花。

Redvale 'Pretty Ann'

Q 用和東亞蘭同樣的方法栽植可以嗎？

聽說軛瓣蘭可以用和東亞蘭同樣的方法栽植，是真的嗎？

A

沒錯！軛瓣蘭的栽植方法大致和東亞蘭大致相同。兩者最大的差異在於最低溫度不同，當氣溫降到攝氏二至三度時，東亞蘭也不會有問題，所以入冬前還可以把它放在戶外，但軛瓣蘭就不能忍受如此低的溫度了，一定要放置在室內。

B G White 'Zoomer'

軛瓣蘭受寒之後會導致植株變黑、腐爛，所以一定要注意。搬入室內後，也要把它放在溫暖的地方。

兩種蘭花除了冬季溫度管理的差異之外，維持同樣的日照強度、澆水、施肥，軛瓣蘭就會生長得很好。

Q 為什麼沒有香氣？

聽說它是一種很香的蘭花，所以才買回家，卻一直聞不到香氣，是什麼原因呢？怎麼樣才會有香氣？

A

如果沒有一定程度的濕度和溫度，軛瓣蘭的花是不會散發出好的香氣。通常都是在上午受陽光照射後，氣溫慢慢上升的時段散發香氣。這個時候如果濕度不足，即使氣溫上升，香氣也會變淡。

洋蘭等花的香氣是用來引誘昆蟲的手段，因為根據植物種類的不同，散發香氣的時段也有所差異，它們都是在傳播花粉的昆蟲活動時間內散發香氣。雜交種的栽植條件雖然和原生種野生的狀態有很大不同，但是這個特性卻一直沒有改變。即使周邊沒有昆蟲，到了散發香氣的時段，還是會散發香氣。如果你白天在家裡的時間太少，就會錯過散發香氣的時段。由於軛瓣蘭在夜間不太會散發香氣，所以當你回家後就會誤以花沒有香氣。

imagination 'Hmangas'

如果無論什麼時候都聞不到香氣，那麼，可能是氣溫過低或濕度不足，可以將它搬到溫暖的地方並充分噴霧，再觀察是不是有香氣。

Q 為何不開花呢？

聽說軛瓣蘭很容易開花，可是我的植栽卻一直不開花，如何改善呢？

A

當軛瓣蘭開始伸出新芽時，花芽也同時伸出、開花。如果新芽伸出後卻沒有花芽伸出，可能是栽植的方法需要調整。軛瓣蘭是一種相對比較容易開花的洋蘭，但日照不足就不會開花。

軛瓣蘭的葉子很薄，呈淡綠色，往往被誤解喜歡弱日照，其實恰恰相反。軛瓣蘭很喜歡陽光，薄葉子也可以耐得住很強的日照。在冬季，要將它放置在室內、光線能透進來的地方，入春後則要將它搬到戶外。初夏到秋季中旬要採取遮光率百分之三十左右的遮光措施。在夏季，將軛瓣蘭放在庭院的樹下，雖然光線明亮，日照卻不強，就可能導致日照不足。如果日照時間能儘量延長，就容易開花了。

通常，肥料不足、基部腐爛引起的植株衰弱等問題，都會導致新芽細弱、不開花。要使基部充分伸長、充足的日照、充分施肥，花就會開得很漂亮。

Hmwsa. June 'Indigo Sue'

Q 如何選用栽植介質呢？

要為軛瓣蘭換盆，但是不知道選用什麼介質好呢？

A

軛瓣蘭的栽植方式和東亞蘭很相似，栽植介質和選用的花盆也是和東亞蘭一樣，可以使用樹皮、浮石混合而成的混合介質，以及稍高的塑膠花盆來栽植。根的數量和伸長的方法和東亞蘭也很相似，如果使用太淺的花盆栽植，植株就會連帶著栽植介質從盆中隆出來。

花謝後、新芽稍稍長大的時候，最適合換盆。冬季氣溫高，花就會謝得比較早，四月就可以換盆。冬季氣溫低，五月下旬花才會謝，要等花謝後再進行換盆。

Q 為什麼新芽會腐爛了？

春季伸出的新芽從中間部位開始腐爛，該怎麼辦才好？植株會乾枯嗎？

A

澆水的時候，如果芽的中間進了水，其後遇到低溫，新芽往往會腐爛。新芽的中心一腐爛，芽就會停止生長。值得慶幸的是，如果軛瓣蘭的一個芽腐爛了，馬上會再長出新芽來，再生的新芽也會長得很結實。由於軛瓣蘭具有這個特性，所以即使少許的芽腐爛了，植株也會生長得很好。

如果芽變黑腐爛了，請把腐爛的部分拔出，待乾燥後，植株就不會有什麼問題了。

如果新芽捲起的筒狀葉心裡積了水，就容易腐爛。

Q 紫小町是屬於哪一種蘭花？

有一種叫紫小町的蘭花，和軛瓣蘭很相似，採用和軛瓣蘭同樣的栽植方法可以嗎？

A

市面上販售紫小町蘭的屬間雜交品種，是軛瓣蘭屬和Aganisia屬間的雜交品種。外形上很像是小型軛瓣蘭，紫色的花色也和軛瓣蘭十分相似，不過花的香氣比軛瓣蘭稍微弱了些。栽植的方法大致上和軛瓣蘭相同，你可以用栽植軛瓣蘭的方法來照顧它，花就會長得很好。

除了紫小町外，以軛瓣蘭為主的雜交種越來越多，基本的栽植方法相似，只要用心都能栽植得很好。

Blakey

Zygonisia Rorue burne 'Purpleeye'

齒舌蘭

蘭科齒舌蘭屬和其近緣屬以及屬間雜交種

月	開花期	放置場所（遮光率）	澆水	肥料	主要作業
1月		室內（光線明亮的地方）	一般		
2					
3				固體肥料、液體肥料	換盆・分株
4		戶外（40～50%）			
5					
6					
7		戶外（60～70%）	稍多		
8					
9			一般	液體肥料	
10		室內（明亮的地方）			
11					
12					

Q 齒舌蘭很難照顧嗎？

聽說齒舌蘭很難照顧，是什麼原因呢？

A

齒舌蘭原本生長在南美安第斯山上海拔很高的地方，和文心蘭是近緣。與文心蘭的壯實、容易栽植相比，齒舌蘭確實很難栽植，最大的原因在於夏季的氣溫。齒舌蘭生於海拔兩千公尺以上的高山上，不適合高溫氣候。夏季炎熱的氣溫，會影響它的生長。如果能找到避暑的栽植方法，其他的管理就很容易了。

適合栽植齒舌蘭的地方，最好在海拔一千公尺以上，或是夏天也很涼爽的地區。盛夏中午氣溫超過攝氏三十五度，晚上氣溫持續高溫的地區是很難栽植的。就技術面來說，想要在夏季保持低溫，比在冬季維持較高的溫度更困難。當你成功栽植了各種洋蘭後，就來挑戰一下栽植齒舌蘭吧！

Odontioda George McMahon 'Fortuna'

Q 花的紋路為什麼不一樣？

齒舌蘭開花了，仔細一看，卻發現每朵花的紋路都不一樣，是什麼原因呢？

A 齒舌蘭的花有其他洋蘭沒有的馬賽克花紋，所開的花裡混雜了各種色彩。這種馬賽克花紋的式樣大致上是固定的，不過即使是同一株上開的花，也會有些許的差別。齒舌蘭帶有越找越多不可思議的花紋，少量的花紋差異和色斑屬於自然現象，這和因為病害而造成的色彩異常，是完全不同的情形喔！

Q 彗星蘭是什麼？

花店裡賣的彗星蘭和齒舌蘭長得好像，是同一種花嗎？

A 「彗星蘭」是為了普及，以及讓人好記所取的新名字。齒舌蘭系列的屬間雜交品種的正式名稱都很難記。為了方便記憶與印象深刻，就根據齒舌蘭的星形花和馬賽克花紋的花色，另取了「彗星蘭」這個名字，彗星蘭指的就是齒舌蘭的雜交品種。

Odontioda·Lovely Penguin 'Fides'

Q 開花的時間太短，該怎麼辦？

聽說齒舌蘭花期很長，但是花並沒有開很久就謝了，這是什麼原因呢？

A

齒舌蘭是花期比較長的洋蘭，大約可以欣賞四至六個星期的開花時間，也是溫室裡比較早開花的品種，花謝的時間也比較早。

想要長時間欣賞花開，就要維持攝氏十五度的低溫，讓它慢慢開花，如果放置的場所很涼爽，花期就會很長。在冬季室內氣溫往往比較高，如果把齒舌蘭放在室內裝飾，會因為溫度過高而導致花朵凋謝，要特別留意。

Vuylstekeara Edna 'Stampertanto'

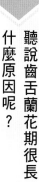

Q 適合栽植的溫度是幾度？

我最近開始栽植齒舌蘭，請問栽植的溫度要維持在什麼範圍比較好？聽說這種花不耐暑熱。

A

齒舌蘭是一種極耐冬季嚴寒的洋蘭，即使最低溫度降到攝氏五度，也沒有什麼大問題。冬季時，在室溫下栽植，不會因為寒害傷及植株，花芽會很有生氣地伸出來。

到了初夏、秋末這一段時間，如果中午氣溫超過攝氏二十五度，夜間溫度接近攝氏二十度左右，就要特別注意氣溫。為了讓植株保持涼爽，儘量要把植株放在通風的地方。當中午和傍晚植株溫度升高，就要把冷水灑在葉子上，降低植株的溫度。用這種方法可以降低一些溫度。如果中午溫度超過攝氏三十度，就要用遮光網並且把它移到光線暗、通風良好的地方，防止植株變熱。

在七月中旬到九月中旬，如果有空調，就把齒舌蘭移到有空調的房間裡，不要讓它受到太多的日照，涼爽地度過高溫期對齒舌蘭來說，是很重要的。

提醒你，齒舌蘭和大多數的洋蘭不同，注意夏季的溫度比冬季的溫度更重要。

Q 花芽為什麼不能直立地伸長？

花芽伸出、花莖剛開始伸出後，就軟弱無力地彎曲了，不能直立地伸長，該怎樣辦才好？

A

齒舌蘭的花莖稍微有些柔軟瘦弱，大都不能直立地伸長。有些雜交種的花芽比較結實，但是大多數齒舌蘭任其生長，花莖都會軟弱無力地彎曲。想要讓花莖伸得很直，就要在花芽從球莖側面伸出後馬上架立支柱，花芽稍稍長大後，可用塑膠繩把花芽綁在支柱上誘導其伸長。

也可以利用花莖柔軟的特性，在支柱的彎曲形式上花些心思，做出自己喜愛的造型。在園藝店販售的大多都是使用支架使其直立伸長，或是像蝴蝶蘭一樣呈放射狀的齒舌蘭，並沒有固定不變的造型。

Q 植株怎麼變小了？

栽植齒舌蘭的過程中，發現植株慢慢變小了，怎麼辦才好呢？

A

這大概是齒舌蘭不適應栽植環境，導致植株逐漸衰弱。特別是在夏季到秋季期間，若球莖沒有長大反而變小，就是由於天氣太熱所致。齒舌蘭在平地很難栽植，植株大多都會逐漸變小。想要改善，就只能在夏季將植株搬到涼爽的地方了。

Wilsonara Tiger Susse × Gold Witrivier

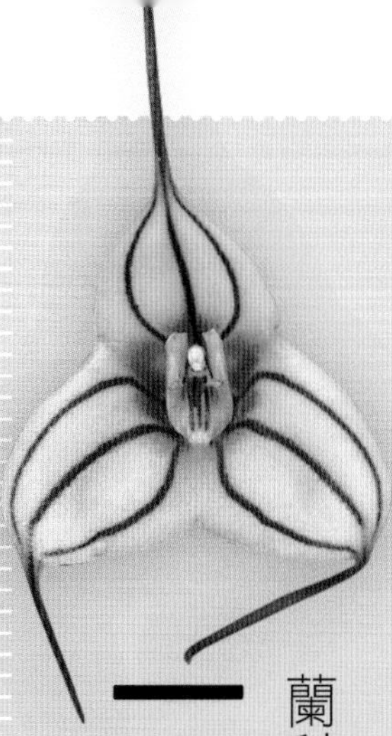

三尖蘭

蘭科三尖蘭屬

	開花期	放置場所（遮光率）	澆水	肥料	主要作業
1月		室內（明亮的地方）	一直要保持潮濕（冬季乾燥的時候要充分噴霧）		
2					
3					換盆・分株
4		戶外（40～50%）		液體肥料（稍薄）	
5					
6					
7		戶外（60～70%）			
8					
9				●	
10		室內（明亮的地方）		液體肥料（稍薄）	
11					
12					

Q 難得一見的三尖蘭，不耐暑熱嗎？

聽說三尖蘭很不能適應暑熱，到底它能忍耐多高的溫度呢？在冬季很難栽植嗎？

A

三尖蘭主要原產於南美洲安第斯山上海拔很高的地方。和所有高山植物一樣，溫度升高後植株就會衰弱。三尖蘭很難忍受酷熱的夏季。隨著入夏後氣溫逐步升高，葉子就會漸漸枯萎、植株開始衰弱。在高溫下如果不採取保護措施，入秋後葉子就會全部落光，植株也會乾枯。想要讓植株平安度過夏季，理想的氣溫要求是最高攝氏二十五度、夜間攝氏十度左右。但是，這個理想氣溫要求和日本的夏季氣溫有很大的差距。

想要達到這個苛刻的栽植條件，就必須下一番功夫。最簡單的就是以冷水頻繁地對著植株噴霧，以降低植株的溫度。但是，在酷熱的中午如果不頻繁地噴霧就沒有什麼效果，而且效果也很有限，僅能稍微抑制植株衰弱的作用而已。

monarch × veitchiana 'Tokyo'

Q 如何讓三尖蘭度過炎熱的夏季？

coccinea 'Dwarf Pink'

好想栽植珍貴的三尖蘭，如何讓三尖蘭度過炎熱的夏季？

A 可以等三尖蘭稍微長大後，把它放到飲食店常用的那種玻璃式的冰箱裡栽植，這是最簡單的方法。這樣就能用冰箱來調控溫度維持在攝氏十至十五度左右，而且日光也可以照射進來。

如果做不到以上的方法，又很想要栽植，那就用家庭用的冰箱來試一試吧！從七月中旬氣溫上升時到九月下旬，在這兩個月裡用冰箱來栽植。

先用報紙把三尖蘭包起來，再充分噴霧，使植株濕透，接著把它放到冰箱的保鮮層，往後每週換一次報紙。換報紙的時候，要繼續給植株充分澆水。因為在冰箱裡無法吸收陽光，可以在換報紙的前一天晚上，把三尖蘭先從冰箱裡拿出來，把它放在有少量陽光照射進來的室內，直到第二天上午十點左右氣溫升高前，再把它用報紙捲起來放回冰箱，要讓三尖蘭每週做一次日光浴喔！

請記得，報紙一定要持續噴霧，保持濕潤，如果報紙水分沒了，植株也會乾枯。

Q 最低溫度是多少呢？

聽說三尖蘭很耐寒，冬季最低溫度維持多少就沒問題呢？

A

相對於大多數的洋蘭都很怕寒冷的氣溫，三尖蘭卻極為耐寒，溫度降到攝氏五度左右也可以生長。還有很多種的三尖蘭，即使受凍仍然不影響生長。說雖如此，一旦溫度降到零度以下，植株就會凍傷，最好還是不要在極限的溫度下栽植。

Patricia

Tuakau Candy 'O.M.J-1'

Q 如何施肥呢？

我最近買了三尖蘭，卻不知道該怎樣施肥才好？

A

和其他的洋蘭相比，三尖蘭的根系有些弱小，最好少施肥。基本上不要使用固體肥料，改用液體肥料，並且比說明書上寫的稀釋倍率多兩倍後使用。例如，產品說明的稀釋倍率是一千倍，就要稀釋到兩千倍後使用。

另外，施肥的時間要在初春到初夏和秋末，因為氣溫高的時候施肥，會傷到植株的基部，一定要避免。另外，冬季期間植株生長緩慢，也就不用施肥了。

Q 花芽為什麼在生長時乾枯了？

我栽植的三尖蘭長了花芽、伸出花蕾，可是還沒有開花就乾枯了，會是什麼原因呢？

A

有可能是空氣乾燥導致花蕾變乾，無法開花。三尖蘭原本是一種經常被霧水打濕的洋蘭，培植環境一年到頭都需要很高的濕度，因此在空氣乾燥的冬季必須嚴加注意。

此外，當空氣濕度降低，就必須頻繁地對植株噴霧，保持植株和植株周圍濕潤是很重要的事。大多數的洋蘭冬季時都要噴霧，三尖蘭需要的更多。

如果植株的數量增長後，可以將植株放入小玻璃箱內，持續噴霧提高濕度，伸出的花蕾就不會因環境乾燥、乾枯了。

ignea 'O.M.J'

Q 葉子為何突然開始凋落？

三尖蘭的葉子突然陸陸續續地凋落，是什麼原因呢？該怎樣改善才好？

A

如果夏天，葉子開始凋落，可能是因為三尖蘭不耐暑熱。如果繼續放在原處，葉子就會不斷地凋落，直到葉子落盡、植株乾枯。所以夏季時，一定要花些心思，降低栽植環境的溫度。

因暑熱而受傷的植株。

如果是夏季之外的季節，葉子開始凋落，那就很可能是基部腐爛導致的。因為三尖蘭不喜歡乾燥的環境，所以一定要注意更換花盆裡的水，並且把水換新，減少基部腐爛的情況發生。

另外，施肥過量也會導致基部腐爛。三尖蘭的基部不可施用濃度過高的液體肥料和過量的固體肥料。一旦發現，植株基部腐爛就要立即換盆，把舊的栽植介質全部替換成新的，等待伸出新根。一等到新根伸出來後，新的葉子也會開始長出來。

Q 新芽怎麼會變得皺巴巴的？

三尖蘭的新芽伸出得很不好看，像手風琴一樣皺巴巴的，怎麼辦才好呢？

A

這可能是花盆內水分不足或空氣中太乾燥所致。如果水分和濕度不夠，新芽就不能筆直地伸出來，也有些芽會有手風琴一樣皺巴巴的情況。要充分澆水防止花盆內水分不足，並提高空氣濕度才能維持植株能伸出健全的新芽。

Highland Flying 'Orange Burst'

腋唇蘭

蘭科腋唇蘭屬

	開花期	放置場所（遮光率）	澆水	肥料	主要作業
1月	因種類不同而有所差異	室內（明亮的地方）	一般		
2					
3					換盆・分株
4		戶外		固體肥料、液體肥料	
5					
6					
7		戶外（30～40%）	稍多	液體肥料	
8					
9			一般		
10		戶外			
11		室內（明亮的地方）			
12					

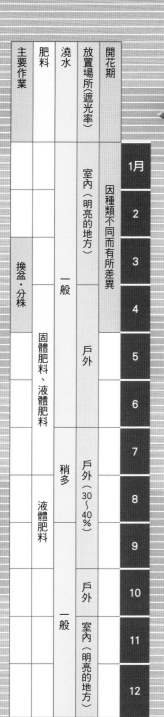

Q 為什麼腋唇蘭枯萎了？

聽說腋唇蘭很強壯所以才買回家，卻在夏季乾枯了，是什麼原因呢？

A

有可能是買到不耐熱的腋唇蘭品種了。腋唇蘭分為十分強壯的品種，以及原產於高原不耐暑熱的品種。

在洋蘭展上販售的大多是名為porphyrostele和picta的原生種，這兩個品種很強壯、耐暑熱，在冬季可以耐攝氏五度左右的低溫。可是，如果夏季太熱，大型的sanderiana等品種的葉子就會凋落，直到乾枯為止。

腋唇蘭屬有很多的品種類，並不是所有的品種類都很強壯、耐熱，購買之前可以先詢問清楚。

picta

Q 為什麼花有很奇怪的味道？

朋友送給我一些腋唇蘭，聽說花很香，為什麼我卻覺得有股奇怪的味道呢？

A

腋唇蘭中賣得最好的是一種名為porphyrostele的原生種，因為香氣怡人而受歡迎，成為較為常見的品種。由於對香味的感覺因人而異，必須親自聞過後，才能確認是否真的很香。

因為腋唇蘭的香氣有特別微妙之處，十個人聞，一半的人會認為很香，另外一半的人卻有可能掩鼻而逃。花朵楚楚可人、討人喜愛，如果覺得香氣不好聞，那就遠遠地欣賞吧！

Q 腋唇蘭喜歡陽光嗎？

請問腋唇蘭喜歡陽光嗎？多少的日照強度才適當？

A

腋唇蘭是比較喜歡陽光的一種洋蘭。冬季時，要把它放置在室內靠窗邊日照好的地方，入春後，則要把它搬到戶外，在夏初之前讓它接受陽光的直射。

從夏初到秋末要採取遮光率為百分之四十至五十的遮光措施阻擋強烈日照。全年中都要儘量延長腋唇蘭的日照時間。即使在盛夏採取遮光措施的時候，也不能減少日照的時間。一旦日照時間不足，花就會開得不好。

對於不耐暑熱的腋唇蘭，最好在較弱的日照下栽植。在盛夏，如果沒有把它放在通風良好的地方，植株會因為暑熱而受傷，嚴重時甚至會乾枯。

porphyrostele

tenuifolia

Q 腋唇蘭的施肥方法？

想給腋唇蘭施肥，使用哪一種的肥料好呢？液體肥料可以嗎？

A

腋唇蘭是一種比較喜歡肥料的洋蘭。在春季到初夏這段時期要施固體肥料，也要施液體肥料。腋唇蘭根系很發達強壯，多施些肥料也不會傷及基部，植株照樣會生長地很好。

固體肥料要按照規定的量撒到花盆上，如果使用有機肥料，要在四月到七月期間每月換一次。若是液體肥料則要按照規定的稀釋倍率，在四月到十月期間每週施肥一次。

如果日照好、肥料也發揮作用，就會開出很多的花。

Q 為什麼植株會往上伸長？

腋唇蘭的植株很快地伸長，看起來很有生氣，這樣好嗎？另外，換盆時該怎樣處理呢？

A

有些腋唇蘭品種，新芽不會從側邊，而是向上伸出，細莖不斷地往上伸長。往天空上方伸長，是接近腋唇蘭野生狀態的生長方式。在空氣中的球莖和稍微伸出的基部，雖然離開了栽植介質，卻不可思議地持續生長。如果遇到這樣的情況，澆水時必須從植株的上方往下澆透。

等植株長大後，就要把蛇木棒等插在花盆裡，引導植株生長。

莖往上伸長

Sanguinea 'mercedes rabago'

植株長得更大後，伸往空中的芽也會自然伸直。當植株長大到很容易傾倒的時候，可以把植株連同花盆放入園藝用的端盤裡，以防止植株翻倒。最初植株看似不大不小，三、四年後就會長得很茂盛。

把往上伸長的腋唇蘭分株時，每兩至三個球莖為一組剪開，把最下方的球莖和根，用水苔包起來栽植到花盆裡，這樣就能分成小的植株，但如此一來，開花就只有一到兩朵，會顯得冷冷清清。不妨把腋唇蘭合植成大的植株，植株茂盛，花也會開得很多。

Q 可以分株嗎？

栽植的腋唇蘭已經種了幾年，球莖肥大長成大植株了，可以進行分株了嗎？

A

picta 和porphyrostele生長的速度較快，在短時間內就會長成大的植株，也會開很多花，而且花也會開得很大，慢慢到了不能換盆的時候，就可以分株。

不能將植株分得太小，以五至六個球莖為一叢，以剪刀從球莖的連接處剪開。植株長大後，很難分清楚到底是哪個球莖跟哪個球莖相連，所以在剪開前要把栽植介質全部敲下來。認真地花些時間分清楚球莖間的連接情況後再把它剪開。重要的是要將主球莖一至兩個合在一起。沒有主球莖也會伸出新芽來，但是當年的植株生長就會很緩慢，甚至不開花。

Sophronitis 'fine friend'

Q 該選用哪一種栽植介質？

腋唇蘭換盆時，用什麼來栽植比較好呢？最好的栽植介質是什麼？

A

大多數的腋唇蘭都是用素燒花盆加水苔來栽植，植株就會長得很好。雖然腋唇蘭比較喜歡水，但是塑膠花盆容易滯水而傷及基部。所以用乾得比較快的素燒花盆加水苔來栽植，在水分乾後再充分澆水，這樣就能使植株很好地生長。也可以用樹皮來栽植，但是因為水分乾得太快，如果不頻繁地澆水，球莖就沒有比用水苔栽植時長得好。

最好在春季中旬換盆。如果在新芽稍微開始伸出後換盆，就把舊的栽植介質去掉，換上新介質，再把栽植介質壓得結實些，花的長勢就會很好。

memoria petal berliner 'Yellow Cape'

風蘭

蘭科風蘭屬

	1月	2	3	4	5	6	7	8	9	10	11	12
開花期	因種類不同而有差別											
放置場所（遮光率）	室內（明亮的地方）				戶外		戶外（30～40%）			室內（明亮的地方）		
澆水	稍稍乾燥（噴霧以提高濕度）				一般	稍多			一般	稍稍乾燥		
肥料				液體肥料								
主要作業			換盆・分株									

Q 為何風蘭會在冬季掉葉子？

我栽植的風蘭，明明長得很有生氣，但是入冬後，葉子卻開始凋落，是什麼原因呢？

A

風蘭原產自馬達加斯加島，是一種畏寒的洋蘭。在冬季氣溫降低後，往往會發生植株變弱、葉子變黃凋落的情形。如果葉子會凋落，首先要弄清楚栽植的溫度是否達到了要求。想要讓風蘭長得好，冬季夜間的最低溫度就要維持在攝氏十五度以上，如果低於這個溫度，雖然植株不會馬上凋萎，卻會逐漸衰弱，所以必須將風蘭放置於溫暖的室內裡，才能生長得很好。

如果溫度達到栽植要求，葉子依舊掉落，就可能是澆水的問題了。冬季溫度低，植株生長緩慢，如果此時澆水過量，葉子就會凋落。冬季澆水時，盆內只要稍微濕潤即可，切記不可過量。

葉子落光的風蘭。

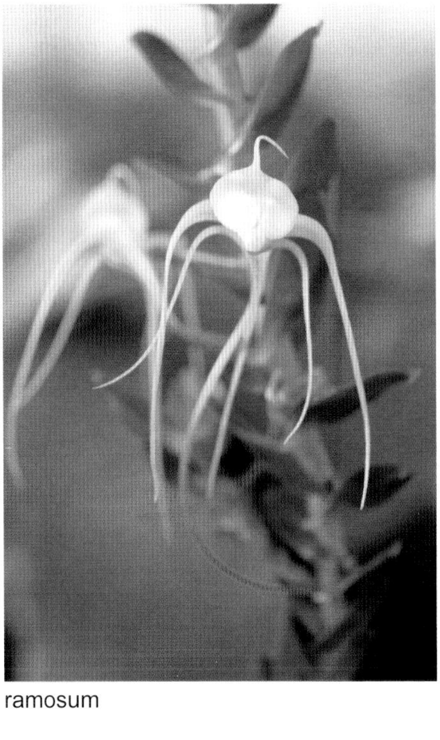

ramosum

eburneum

Q 好奇怪，我竟然看到風蘭的花開反了！

風蘭開花了，但是唇瓣卻是朝上，有沒有什麼問題？

A

有些風蘭品種開花時，唇瓣是朝上的。不清楚它們以這種方向開花的原因，反著開花只是這個品種的特性，是正常的現象。也有很多風蘭開花時和大多數蘭花一樣，唇瓣是朝下的。

風蘭的花大多是白色和淡綠色等素雅顏色，色彩不是很豐富，但是開花的方式和花瓣的質感變化豐富。植株有大有小，很獨特，當收藏品收集也很有意思。

Q 花的上面長出了「角」？

我發現風蘭的花上，長出了像角一樣的東西，這是什麼？有什麼作用？

A

這是風蘭和它的近親Aerangis屬獨有的器官，叫做「距」，作用是儲存花蜜。在原產地馬達加斯加島，有一種被風蘭花香所吸引的蛾，停留在距上吸食蜜的時候會將花粉沾到身上，再將它傳播到其他花上，幫忙完成授粉。

eichlerianum

Q 為什麼花不會香？

聽說風蘭很香，可是我種的即使在日照下也完全沒有一絲香氣，是什麼原因呢？

A

風蘭的香氣是在傍晚的時候散發出來的。大多數洋蘭都是上午受陽光照射後、在有一定濕度的情況下，就會散發出香氣。但風蘭在中午的時候一點兒香氣也沒有，只有在傍晚到晚上九點之間散發出香氣，這和原產地擔任授粉工作蛾的活動時間相吻合。

風蘭的色彩不是很絢麗，大多數種類都散發很清爽的香氣，就請享受這種清香吧！

Q 風蘭如何澆水？

請問風蘭的澆水方法，聽說多澆水比較好。在夏季和冬季也可以充分澆水嗎？

A

對於風蘭來說，如果不根據季節改變澆水方式，植株就長不好。在氣溫不斷上升的初夏到秋初，是風蘭長得最快的時期，在這個生長期必須積極地澆水，特別是在盛夏天氣炎熱的時候，必須每天都澆水。

在氣溫不斷下降的秋季中旬到第二年的初春，風蘭的生長基本上是停滯的，這個時候不需要澆太多的水。只要讓花盆內稍微潮濕即可。在冬季澆水過多會導致葉子凋落、植株衰弱。但是在冬季，空氣的濕度很重要。一方

distichum

面要控制往花盆內澆水的量，另一方面要維持空氣的濕度，否則植株就會失去生氣。風蘭是很畏寒的一種洋蘭，只要能維持一定的溫度和較高的濕度，也能很有生氣地越冬。

Q 風蘭如何施肥？

想給風蘭施肥，適合使用什麼樣的肥料？什麼季節施肥比較好？

A

風蘭最好使用液體肥料。在春季中旬到秋季中旬這段生長期間，要將液體肥料按照規定倍率稀釋得稍微薄些，每十天施肥一次。如果稀釋濃度超過規定，就會導致植株受傷，葉子突然凋落。

Q 何時換盆，以及恰當的方法？

請問風蘭適合換盆的時期和方法。以前，我曾發生換盆後植株乾枯的情況，如何改善才好？

A

最好在春季進行換盆，由於氣溫逐漸回升，換盆後基部的生長也比較快。

風蘭在換盆後，植株狀態容易變壞，所以換盆的間隔時間比其他洋蘭長，最好三、四年換盆一次。

如果換盆時，不小心把舊的栽植介質全部弄乾淨，植株的狀態也容易變壞。其實，只需要把壞掉的栽植介質去掉，不要對植株的根造成太多傷害。

總之，換盆時，要特別小心，避免傷到風蘭的基部。

didieri

Q 栽植介質用什麼好呢？

想替風蘭換盆，用什麼栽植介質比較好呢？水苔好嗎？

A

中型和大型的品種最好用樹皮來栽植。一部分小型風蘭用水苔栽植比較好。

用樹皮栽植的時候，使用塑膠花盆比較好，還要把樹皮用力壓緊到花盆底部。用樹皮栽植的缺點就是花盆內比較輕，花盆極易傾倒。植株越大越容易傾倒，所以如果栽植大型品種，把塑膠花盆換成比較重的瓷盆，或使用樹皮來栽植都可以。

若是用水苔栽植就要用素燒花盆，因為使用塑膠花盆，會因為水分蒸發慢，導致基部腐爛。

ieonis

萬代蘭

蘭科萬代蘭屬

月份	開花期	放置場所(遮光率)	澆水	肥料	主要作業
1月	伊據栽植環境而異，開花期不定，氣溫高的時候就容易開花	室內（光線明亮的地方）	一般（在冬季乾燥時，要對植株噴霧以提高濕度）	最低溫度20度以上，就用液體肥料	
2					
3					換盆・分株
4			稍多	液體肥料	
5		戶外			
6					
7		戶外（30~40%）			
8					
9					
10		室內（明亮的地方）	一般	最低溫度20度以上，就用液體肥料	
11					
12					

Q 如果溫度太冷就不能栽植萬代蘭嗎？

我很想栽植萬代蘭，請問如果冬季溫度太冷就不能栽植嗎？

A

萬代蘭是一種產於熱帶的洋蘭。在溫度和濕度都高的熱帶地區栽植就很簡單。在其他地區，如果無法克服冬季栽植的環境問題，就很難栽植。

在冬季，最低溫度必須保持在攝氏十五度左右，如果可能就儘量提高栽植溫度。而隨著溫度的提高，濕度也需要相對提升。如果一年中都能保持像盛夏一樣的氣候，萬代蘭就會長得很好。

Sansai Blue

Q 萬代蘭的開花期是什麼時候？

萬代蘭的花謝了，我想好好地栽植再讓它開一次花，請問多久之後才能開花呢？

A

如果是在家庭栽植，萬代蘭是會不定期開花的。因為萬代蘭原產於熱帶，如果氣溫高，花就會不斷地綻放，在四季分明的國家，大都在初夏到秋季這段時期開花。如果在溫室中栽植，只要維持一定的溫度，冬季裡也能開花。

Q 可以讓它直射陽光嗎？

聽說萬代蘭很喜歡陽光，可以直射陽光嗎？還是要採取遮光措施？

A

萬代蘭是一種很喜歡日照的洋蘭，如果日照不足就長不出花芽。所以必須將它放置在日照充足的場所來栽植。另外，也要儘量延長日照時間，這樣就會有很好的效果。

如果從春季開始就讓它慢慢習慣強烈的日照，就能忍耐盛夏的強日照，不過葉子一旦曬傷也很麻煩。因為萬代蘭沒有球莖，葉子曬傷後，植株會很快衰弱。所以，從初夏到秋季這段時期，遮上遮光率為百分之三十左右的遮光網，植株在遮光網下面會生長得比較好。

Somsri Pretty 'Mishima Rose'

Q 只對植株噴霧也能生長嗎？

不給萬代蘭澆水，只憑空氣濕度就可以生長嗎？我在洋蘭展上看過僅給伸長的基部噴霧的方法，可行嗎？

A

如果一看到在洋蘭展上販售的萬代蘭，就知道它一定有大量的長根。也有很多人看到透過噴霧來濕潤基部的情形，所以會誤以為只要噴霧，萬代蘭就可以生長。噴霧雖然能提高萬代蘭四周的濕度，卻不能滿足萬代蘭生長所需的水分。用籃子栽植的時

Down Nisimura

候，如果只對它噴霧，葉子就會慢慢長縐褶，植株逐漸衰弱。

那些從植株上伸出、又長又多的根，其實都是在泰國等萬代蘭生產國栽植的時候，每天澆很多水才長出來的。家庭栽植時，在提高四周濕度的同時，也要每天對基部充分澆水。如果頻繁澆水卻仍然很乾燥，就不要使用籃子，建議改用花盆來栽植。

Q 萬代蘭如何施肥呢？

怎樣給萬代蘭施肥比較好？如果不能施放固體肥料，只施液體肥料可以嗎？

A

用籃子和用花盆來栽植，施肥的方法也不一樣。若以籃子栽植，基本上要使用液體肥料。因為沒有撒固體肥料的地方，所以就用不織布等把固體肥料包起來，掛在植株的上部，澆水的時候固體肥料就會一點一點地溶化，被基部吸收。

若是用盆栽，和大多數洋蘭一樣，把固體肥料撒在介質上，搭配使用液體肥料。無論用什麼來栽植萬代蘭，都要在春末氣溫開始上升，到秋初氣溫還很高的這一段時期內施肥。

若用液體肥料，每週對全株和基部充分施肥一次。如果在冬季能維持最低溫度在攝氏二十度左右，全年都可施用液體肥料。

施放固體肥料時，就用不織布把肥料包起來，掛在植株的上部

萬代蘭雜交種

Q 可以用花盆栽植嗎？

我看到萬代蘭都是放在木頭材質的籃子裡販售，一定要這樣來栽植嗎？不能用花盆嗎？

A

大多數的萬代蘭都是放在籃子（木頭框）裡，懸掛著販售。基部裸露、不使用任何一種栽植介質，僅僅就是把植株放在籃子裡面，這種栽植方法多見於萬代蘭的主要產地泰國。位於熱帶的泰國，終年氣溫高、濕度高，幾乎每天都下驟雨。在這種氣候條件下，萬代蘭放在籃子裡栽植也可以長得很好。

可是，在日本、台灣等地僅僅是夏季的氣候條件和泰國相似。所以，在日本、台灣等地用籃子栽植，乾燥的冬季會導致植株水分不足、而逐漸失去生氣。如果在冬季也能維持很高的濕度，也是可以用籃子來栽植的。當植株乾燥時，就把植株連帶籃子放入花盆內，再輕輕鋪上水苔澆濕，就能防止植株乾燥。在日本、台灣等地，還是使用花盆栽植，管理起來比較方便。

Robert's Delight 'Y-Nobuko'

Q 葉子凋落怎麼辦？

在冬季，栽植在室內的萬代蘭，葉子嘩啦嘩啦地凋落了，現在只剩上部殘留一些葉子，怎樣辦才好？

A

萬代蘭掉葉子，不是太過乾燥就是由於低溫造成的。但如果是栽植在溫暖的室內栽植，就是空氣中濕度不夠造成的。如果濕度不夠又用籃子栽植，這種情況就更容易出現。

解決的方法主要是在栽植的空間，安裝加濕器來維持較高的濕度。另一個方法，是用素燒花盆內加上水苔來栽植。如果在家庭中用籃子來栽植，濕度提高後壁紙就容易脫落，牆壁上也容易生黴菌。所以，用花盆來栽植是比較可行的。

下部葉子已掉光的植株。

Q 長出腋芽來了怎麼辦？

從萬代蘭的莖的中間部位伸出了腋芽，怎麼辦才好？可以把它剪下來栽植到另外的花盆嗎？

A

萬代蘭是單莖性植物，莖基本上都是往上生長的。植株長大後有時候會伸出腋芽，長成小的植株。可以讓這種子株在母株上生長，也可以等子株長到某種程度後將它剪下來，栽植到其他的花盆內。

石豆蘭

蘭科石豆蘭屬

	開花期	放置場所（遮光率）	澆水	肥料	主要作業
1月	根據種類不同而異	室內（明亮的地方）	一般		
2					
3					換盆・分株
4		戶外		固體肥料、液體肥料	
5					
6					
7		戶外（50～60%）	稍多		
8				液體肥料	
9					●—
10		室內（明亮的地方）	一般		換盆・分株
11					
12					

Q 石豆蘭有多少種？

聽說石豆蘭有很多種，到底有多少種呢？特性差別很大嗎？

A

石豆蘭約有一千五百多種原生種，是種數很多的一種洋蘭，分布範圍也很廣，從東南亞到中南美洲、非洲等。雜交種比較少。觀賞原生種石豆蘭珍奇的花朵，或是收藏各種原生種，都是享受栽植石豆蘭的方式之一。

大多數品種栽植起來都很簡單，只要冬季的最低溫度維持在攝氏十度左右，大部分的石豆蘭都可以栽植的。不需要很強烈的日照，用較弱的日照就可以生長得很好。石豆蘭有各式各樣的形態，有的只有手掌般大，就開花了；有的要長到一公尺以上，才會伸出葉子。

echinorabium

Q 石豆蘭的花很香嗎？

聽說石豆蘭的近親種開的花有香氣。是什麼樣子的香氣呢？很香嗎？

A

石豆蘭帶有很多種氣味。大多數都不能說是很好聞的氣味，有些種類甚至散發出腐臭的氣味。開花後，主人往往會被它們的氣味嚇了一大跳。欣賞石豆蘭珍奇的花姿，可能比聞它的味道更有吸引力。

fletcherianam

Q 花朵發出腐爛的氣味，有什麼作用？

如果嗅一下石豆蘭，就會覺得有股很強烈的腐爛味道，為什麼會有這種氣味呢？

A

石豆蘭的氣味，和其他的洋蘭一樣，最主要是吸引昆蟲，傳播花粉，例如蒼蠅等。由於是依靠蒼蠅來傳播花粉而不是蜜蜂，花朵就必須散發出蒼蠅和其他昆蟲所喜歡的腐爛氣味。

如果你觀察石豆蘭開的花，就能看到蒼蠅鑽進花裡，也就明白氣味和昆蟲的關係了。

carunculatum 'Magnifico'

Q 如何讓花期開的時間長一點呢？

石豆蘭的花很快就凋謝了，好想讓美麗多姿的花開久一些，有什麼方法嗎？

A 大部分石豆蘭的花開時間都比較短，通常開花後很快就凋落，這是石豆蘭本身所具有的特性。想要讓花開得稍微久一些，可以提高栽植環境的濕度。如果太乾燥，花期短的花會凋落得更快；如果能維持充分的濕度，就能稍微延長花開的時間了。

Q 請問石豆蘭耐寒嗎？

我被千姿百態的花所吸引，很想栽植石豆蘭，在寒冷的環境下可以栽植嗎？最低溫度最好維持在多少度呢？

A 石豆蘭的故鄉主要是熱帶雨林。所以大多數的石豆蘭都畏寒，喜歡比較溫暖的氣候。在冬季最好維持最低溫度為攝氏十度左右，以確保植株不會受寒。如果溫度下降，葉子就會變黃、凋落，嚴重時植株還會乾枯，所以冬季時一定要注意溫度的問題。

laxiflorum

graveolens.

Q 如果日照太弱，也可以栽植嗎？

我家在冬季很暖和，不過日照不太好，我想栽植石豆蘭，這樣的環境可以嗎？

A 石豆蘭是原本生於光照較弱的熱帶雨林裡，所以不需要太強的日照。冬季只要保持一定的溫度，即使日照不太強也可以栽植。至於夏季時，就一定要注意強烈的日照，從春末到秋季都要採取百分之五十至六十的遮光措施。

dearei

Q 植株怎麼會從花盆裡延伸出來了呢？

栽植了石豆蘭，莖從邊上伸出來，植株逐漸爬出花盆，很麻煩，怎麼辦才好？

A 石豆蘭的細莖伸長後，往往就會不斷地往旁邊伸展。如果用花盆栽植，植株就會很快從花盆中爬出來，很難整理。如果同時栽植幾株石豆蘭，彼此就會互相纏繞在一起，弄不清楚到底哪株是哪株。把球莖每兩至三個分成一塊後，植株也會生長得很快，長得太快就會變得很麻煩，建議最好是讓「爬出來」的球莖順勢伸長，長大到一定程度後，再換到較大的花盆內管理。石豆蘭不是直立型的洋蘭，就請欣賞它這種不受拘束的生長方式，以及極為珍貴稀少的花形吧！

barbigerum

Q 為什麼石豆蘭不開花呢？

從花苗開始栽植的石豆蘭，長大了卻不開花，這是什麼原因？

A

有些石豆蘭長出球莖後，卻沒有馬上開花。如果植株長得很大、很漂亮，就暫時觀察一年吧！很可能是第兩年才開花的品種。這種品種一旦開花，每年都會在前一年開過花的球莖上，開出新的花來，往後每年都可以欣賞美麗的花朵。

blumei

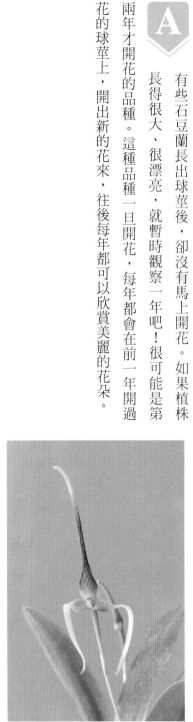

日本風蘭屬系雜交種

蘭科日本風蘭屬的相關屬間的雜交種

	開花期	放置場所(遮光率)	澆水	肥料	主要作業
1月	●	室內（明亮的地方）	稍為乾（冬季時，可以噴霧提高溼度）		
2	●				
3	●				換盆・分株
4	●	戶外	一般	液體肥料	
5	●				
6	●				
7	●	戶外（30～40％）			
8					
9				液體肥料	
10		戶外			
11		室內（明亮的地方）			
12					

Q 日本風蘭屬系雜交種是屬於哪一種蘭花呢？

請問日本風蘭屬系雜交種是什麼種類的花？看起來嬌小可愛，我好想栽植。

A 日本風蘭屬系雜交種是指由原產於日本的日本風蘭（Neofinetia falcata）和原產於東南亞的百代蘭和狐狸尾蘭、仙人指甲蘭、萬代蘭等屬間雜交而成的雜交種。大多數日本風蘭屬系雜交種的姿態都和日本風蘭相似，但是色彩更豐富。日本風蘭的花色只有白色和淡粉紅色，經過和東南亞的近緣屬雜交後，而有橙黃色和紫色、濃粉色等各種顏色。由於植株較小，所以很受歡迎。

園藝店裡會以Ascofinetia、Darwinara、Vandofinetia、Yonezawaara等名字來販售，植株姿態都和日本風蘭很相似，在販售的時候也被稱為「彩色的日本風蘭」，所以不要和真的日本風蘭弄混了。

Darwinara Charm 'Blue Star'

Q 日本風蘭很耐寒嗎？

日本風蘭屬系雜交種和日本風蘭一樣耐寒嗎？冬季可以放在室外嗎？

A 和日本風蘭雜交的對象都是原產於熱帶的洋蘭，所以日本風蘭系雜交種沒有日本風蘭的耐寒性強。雖然日本風蘭可以忍受零度的低溫，不過栽植日本風蘭系雜交種的夜間最低溫度，最好保持在攝氏五度左右。在冬季最好搬到室內靠窗的地方栽植，因為如果長時間處在低溫下，葉子就會變黃、凋落，植株也會逐漸衰弱。

Q 什麼時候會開花？

日本風蘭是在夏初開花，日本風蘭系雜交種是在什麼時候開花呢？我家栽植的日本風蘭系雜交種的開花期為什麼不固定？

A

日本風蘭系雜交種的大多數品種都是不定期開花的，沒有特定的開花期。大多數都是在春季到初夏期間開花，也會在這些季節以外開花。如果植株順利長大且日照好，一年可以抽芽一至兩次開花。

Q 有好聞的香氣嗎？

日本風蘭的花有很好聞的香氣，日本風蘭系雜交種的花也有芳香的氣味嗎？

Ascofinetia Petite Bouquet

Yonezawaara Blue Star

A

日本風蘭的花因為具有很好聞的香氣而廣為人知，可是它的雜交種卻沒有什麼香氣。不可思議的是，日本風蘭系雜交種中開出和日本風蘭一樣花色（白色）者比較具有香氣，日本風蘭所沒有的紫色和粉色花，基本上沒有什麼香氣。

透過人工雜交，日本風蘭系雜交種獲得了日本風蘭沒有的色彩，卻失去了日本風蘭所擁有的好香氣。

Neost.Lou Sneary

Q 該如何施肥呢？

栽植了日本風蘭系雜交種，想讓它的植株長得很大、開出很多花，應該什麼時候施肥？施多少量才合適呢？

A

日本風蘭系雜交種的葉子在春季到秋季期間會長得很大。在葉子長大的時期，必須施肥。春季中旬到秋末，每週施用一次按照規定稀釋倍率稀釋後的液體肥料，植株就會長得很好，葉子的顏色也會變得很好看。但是，在八月最熱的二至三週要停止施肥。

Q 怎麼換盆和分株比較好呢？

在什麼時候換盆比較好呢？從植株上伸出腋芽，要怎樣處理這些腋芽？

A

最好在春季八重櫻開花的時候進行換盆。每二至三年換盆一次，以素燒的花盆內加上水苔來栽植。因為用塑膠花盆和瓷盆，花盆內會太潮濕，致使基部腐爛。

日本風蘭系雜交種的植株長大後就會長出腋芽。如果沒有把腋芽剪下來另外栽植，本株就會一次開出很多花，非常好看。

也可以把腋芽剪下來，栽植到別的花盆內。在腋芽還小的時候，不要將它剪下來。等到腋芽長出五至六片葉子，並且長出幾條根後，再將它剪下來栽植到小的花盆中。

Q 為什麼會冒出很多根？

我栽植的日本風蘭系雜交種伸出很多根，馬上就要「爬出」花盆了。就這樣置之不理可以嗎？

A 本風蘭是一種根系很多的洋蘭，和日本風蘭雜交的蘭花，大多數也會伸出很多根，纏繞在樹上生長。日本風蘭系雜交種的根也很多，長得很好，就會從花盆裡爬出來。這是植株長勢好的表現，完全沒必要擔心。澆水的時候，也要給這些伸向四周的根充分澆水。在換盆的時候，要將過多的根剪掉三分之一，再用水苔將基部包覆起來放入花盆內栽植。

Nakamotoara

Ascofinetia Cherry Blossom

Q 可以附生在庭院裡的樹上嗎？

日本風蘭是附生在庭院裡的樹上生長的，想讓日本風蘭系雜交種也附生在樹上，可以嗎？

A 大多數的日本風蘭系雜交種都比日本風蘭不耐寒。所以，想讓它附生在庭院裡的樹上生長，對冬季最低氣溫不能維持在攝氏五度以上的地區來說，栽植起來就有困難。冬季時，如果你住的地方最低氣溫在攝氏五度以下，栽植的難度就會很高。

Q 葉子為何呈波狀伸展開來？

我栽植的葉子沒有像日本風蘭一樣直立的伸長，而是像波狀一樣伸展開來，是出現病害嗎？該怎樣做才好？

A

日本風蘭系雜交種裡混合了形狀各異的母株遺傳基因，所以和純粹的日本風蘭是不一樣的，葉子往往呈波狀，這是雜交種本身具有的特性，不用擔心。

另外，一開始和日本風蘭一樣大小的植株，最後卻長得比日本風蘭大一倍，這正是繼承了雜交母株的植株較大的特性。

Ascofinetia

其他種類的洋蘭

Q 請問各種洋蘭的栽植方法？

夏季時，買了名為巨蘭的蘭花，但是不知道栽植方法，怎麼樣栽植才好呢？

A

這是原產於熱帶的大型洋蘭，會開出大量可觀的花，所以往往作為夏季的洋蘭禮物。因為原產於熱帶，夏季長勢會很好，不過很怕寒冬。冬季的最低溫度一定要維持在十五度左右，否則植株就會受寒而衰弱。

巨蘭喜歡強日照，最好把它放在全年日照好的地方來栽植；它也很喜歡水，全年都要充分澆水，最好也要多施些肥。

除了冬季的溫度管理外，和東亞蘭的栽植方法相似。從春末到秋初這段時期，和東亞蘭一起栽植，會長得很好。在冬季則要放置於較溫暖的地方管理。

Grammatophyllum spesiosum

Q 嬌小的多球樹蘭如何照顧？

買了嬌小可愛的多球樹蘭，不知道如何栽植才好？

A

這是一種原本歸類於樹蘭屬的小型洋蘭，近年將它歸於Dinema屬。隨著迷你洋蘭熱，在市面上越來越多，是一種強健且極為耐寒的洋蘭。

它的球莖和葉子、花都很小，芽長出後很快就會長成球莖。

Dinema polybulbon

Brassavola sprifolia

分株時不要將它分得太小，長出茂密的植株後，一次會開出很多花，非常好看。要將它放置於日照較好的場所栽植，如果冬季最低溫度能維持在攝氏五度左右，植株就會長得很好。

Q 白拉索蘭有什麼特色？

買了植株姿態很有意思的白拉索蘭，這種洋蘭有什麼特點？栽植方法要參照哪種洋蘭比較好？

A

白拉索蘭的葉子呈又圓又粗的棒子形狀，和嘉德麗雅蘭是近緣，可以和嘉德麗雅蘭系的大多數屬進行雜交。多數的白拉索蘭都在傍晚的時候散發出香氣。

栽植方法基本可以嘉德麗雅蘭為準，但是需要更多的日照。如果接受比嘉德麗雅蘭稍強些的日照，植株就會長得很好，花也會開得很好。白拉索蘭很耐旱，讓它附生於軟木上也很適合。

Sobralia callosa

Q 竹葉蘭開的花是什麼模樣？

我找到了一種葉子像細竹子一樣，名為竹葉蘭的洋蘭。它會開出什麼樣的花？很難栽植嗎？

A

竹葉蘭是一種廣泛分布於中南美洲熱帶和亞熱帶地區的洋蘭。各種的植株大小差別很大，小的可以用3號花盆即可栽植，大的植株接近兩公尺。花的形狀和嘉德麗雅蘭很相似；花色有和嘉德麗雅蘭一樣的紫紅色，另外還有粉色、白色、黃色等花色。從春末到夏初開花不斷。有的花謝得比較早，開一天就凋落了。植株長大以後就會不斷地開花，欣賞花開的時間會很長。

栽植溫度必須維持冬季不低於攝氏十度左右。喜歡日照，即使在盛夏時受陽光直射也不會有問題。Sobralia也很喜歡水，如果缺水，像細竹子一樣的葉子就會不斷地凋落。不管是冬季還是夏季，都要維持基部一直處於潮濕狀態。從春季到秋季期間施肥，固體肥料和液體肥料都要使用。

Q 黃穗蘭的栽植方法為何？

我買了花細小、下垂開放，名為黃穗蘭的蘭花。栽植方法可以和石斛蘭一樣嗎？

A

黃穗蘭廣泛的分布於以菲律賓為主的東南亞地區。根據品種的不同，開花時期也各不相同。另外，各個品種的植株大小差別也很大，有可用2號花盆栽植的迷你型，也有長約六十公分左右的大型品種，也有很多花香濃郁的原生種。Dendrochilum和石斛蘭是完全不同的兩種洋蘭，因為名字不易分辨而容易弄錯，它們的栽植方法也完全不同。

黃穗蘭雖然是熱帶的洋蘭，卻很耐低溫，冬季最低溫度維持攝氏八度左右，生長就沒什麼問題。從夏初到

Dendrochilum magnum

秋季要採取百分之三十至四十的遮光措施。和大多數洋蘭一樣，黃穗蘭也是在春季到秋季期間生長，這段時間要充分澆水和施肥。

新芽伸出、葉子開展的時候，花芽就會從中伸出。花芽先往上伸長，接著上部就會下垂。開花的樣子看起來很像是稻穗，所以在原產地菲律賓人將它稱為rice orchid（稻蘭）。

Q 堇色蘭的葉子凋落，怎麼辦才好？

我很喜歡堇色蘭華麗的花，把它買回家栽植。沒想到，夏天天氣變熱後，葉子開始凋落，該怎麼辦才好？

Miltoniopsis Enzan Lady 'Stork Feather'

A

堇色蘭是原產於南美洲海拔很高的原生種經過雜交而成。以前是屬於堇色蘭屬，現在正式命名為擬堇色蘭屬。

堇色蘭（堇色蘭雜交種）是一種不耐暑熱的洋蘭。隨著天氣逐漸變炎熱，葉子會開始變黃、凋落，球莖上也會長皺褶。植株逐漸衰弱。只要能順利度過夏季，在其他季節的照顧方法就簡單多了。

入夏之前，要把它放在通風良好的場所，並使用遮光率為百分之六十的遮光網來栽植。夏季充分澆水，有助於堇色蘭度過炎熱的天氣。

Q 蜘蛛蘭的花形真奇妙，如何栽植？

蜘蛛蘭和文心蘭是近親，是一種比較大型的洋蘭，栽植方法和文心蘭大致上是一樣的嗎？

A

如果日照不足，植株雖然生長卻不會開花，所以要給蜘蛛蘭很強烈的日照。從春季到夏季要充分澆水，秋季到冬季期間要讓花盆內稍微乾燥。

最近，以文心蘭雜交種蜘蛛蘭和橙黃色的阿達蘭進行雜交而成的 Brassada 等屬間的雜交種越來越多。開花容易、色彩豐富、植株也很快就會長大了。

Brassia rex

Q 狹喙蘭很難照顧嗎？

一開始以為是一種草本花，後來才知道是狹喙蘭，這是什麼樣的蘭花呢？很難栽植嗎？

A

狹喙蘭是一種像鳳梨一樣，開出鮮豔紅花的地生洋蘭。廣泛分布於南美洲，乍看會誤以為是草本花。它的葉子很乾淨漂亮，有些葉子上也有斑點，總之狹喙蘭為數很少、在不開花的季節也可以欣賞葉子的洋蘭。它的根很粗大，換盆時將根系解開後，往往會被嚇了一大跳。

Stenorhynchus speciosum

狹喙蘭有些怕冷，在冬季要將它放置在最低溫度維持攝氏十度左右的場所。

狹喙蘭原本生於熱帶叢林地面和有腐葉土的岩石上，這些地方的日照都比較弱。如果讓它接受強日照，好不容易長出的美麗葉子就會被曬傷，或是失去光澤。最好在塑膠花盆裡加水苔栽植，不要使水分變乾。從夏初到秋季要把液體肥料比原稀釋倍率稀釋得更稀薄後使用。

Q 水母蘭如何栽植？

夏初，看到了一種名為Podangis 的可愛蘭花。看起來好像很難栽植的樣子，請教栽植方法？

A

Podangis是原產於非洲大陸中部烏干達，一種極其稀少的洋蘭。和日本風蘭是近親，但由於植株的形狀和開花的方式有它自己的獨特之處，所以就獨立成為一種屬。一個屬只要一個種就成立，這個屬只有一種名為Podangis dactyloceras 的原生種。葉子呈小扇子狀伸展、在初夏時白色透明的小花就會開滿植株，看過的人都會覺得它很可愛。

栽植環境最好要稍微暖和，冬季的最低溫度要在攝氏十度左右。因為水母蘭是一種附生在樹木上方的蘭花，最好在日照好的地方栽植，如果日照太弱，花就會開得不好。冬季要把它放置在陽光能透過玻璃窗照射進室內的靠窗位置。從初夏到秋季要採取百分之四十的遮光措施。用素燒花盆加水苔來栽植，從春季到秋季，每週施一次液體肥料。

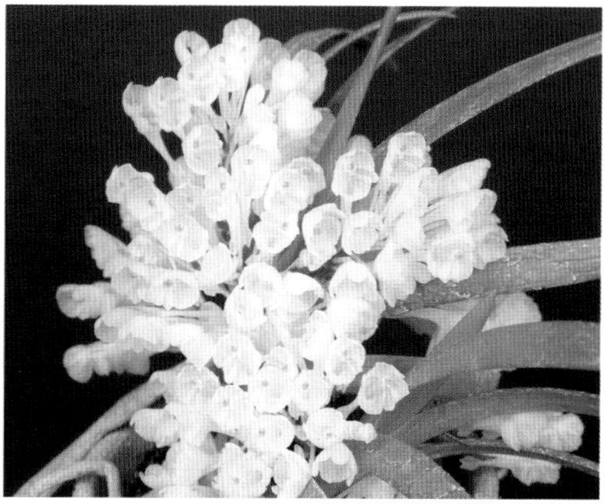

Potangis dactyloceras

Q 如何照顧棒葉蘭？

買了聽說是嘉德麗雅蘭近親的棒葉蘭，可以用和嘉德麗雅蘭一樣的栽植方法來栽植嗎？

A

棒葉蘭是一種和嘉德麗雅蘭為近親、原產於巴西的洋蘭，是一種可以用2號到2.5號花盆來栽植的小型洋蘭。從冬季到春季會開出十分可愛的白色和粉色花兒。植株姿態就像是縮小後的嘉德麗雅蘭近親屬白拉索蘭，葉子呈棒狀，和球莖是一體。這種棒狀葉是橫伸的，並不是直立往上伸長，這是棒葉蘭原本的姿態。

栽植方法大致上和迷你嘉德麗雅蘭一樣，但是如果日照稍微強些，花就會開得很好。冬季最低溫度要維持在攝氏八度以上。

Leptotes bicolor

Q 筍蘭如何栽植？

夏天的時候，我看見一種植株姿態和竹子一樣、名為筍蘭的洋蘭。想買來栽植，它容易栽植嗎？

A

筍蘭是一種原產於印度東北部和東南亞的珍稀洋蘭。由於十分耐寒，很早以前就有人栽植，只是現在逐漸少見。在夏季，會在和青竹子一樣伸出的莖的頂端，開出白色的大花朵。

筍蘭的栽植方法有些特殊。它在春季開始伸出新芽，僅僅兩到三個月的時間就伸出很長的莖，接著莖的頂端會開出花朵。新芽開始伸出後就要充分澆水，同時還要充分施肥，固體肥料要比規定的量多施兩成左右，液體肥料要按照規定倍率稀釋後，每五天左右施肥一次。如果新芽不能一口氣長出來，花就不會開。直射的陽光會傷到柔軟的新芽，所以從春季到秋季要採取百分之三十的遮光措施。

栽植筍蘭時，比較獨特的是，秋末葉子凋落後到春季這段時期，要讓筍蘭保持乾燥，這樣就容易度過寒冷的冬季。如果閱讀以前的栽植書籍，就會看到有將秋末葉子凋落的植株從花盆中拔出來，用報紙包起來再壓入花盆內的做法，這個做法可以讓植株在寒冷的冬季不受寒。在春季，當新芽要伸出，再將報紙除去栽植到花盆中，新芽伸出後植株就會很有生氣地生長。現在，冬季室內的溫度都比較高，不必使用這種方法，只須將花盆保持乾燥即可。只要保持花盆內乾燥，最低溫度不降至攝氏零度以下，植株就沒有問題。

Thunia aruba

Q 飛燕蘭的特色是什麼？

聽說過一種名字很有意思的飛燕蘭，這是一種什麼洋蘭？

A

飛燕蘭是一種生於中美洲到南美洲北部之間的附生蘭。很長的花莖往下伸長，花色為綠色、黃色、褐色等。每朵花都是花瓣反捲的特殊花形，大多數種的花都很香，下垂開花的花姿很有魅力。因為並不是一種廣為人知的蘭花，所以基本上沒有介紹太多飛燕蘭的書。

飛燕蘭是一種很容易栽植的蘭花，建議放置於日照好的地方。春季到秋季要充分地澆水，和大多數洋蘭一樣，固體肥料和液體肥料都要使用。從秋季到冬季，由新長出的球莖腋部，會伸出花芽。如果把花盆放置於架子上，花芽就不能伸長得很好，最好是將花盆掛起來栽植。冬季的最低溫度要維持在攝氏十度左右。花蕾開始綻開後，會散發出很濃郁的香氣。

飛燕蘭是一種在色彩上沒有什麼觀賞價值的洋蘭，但由於它具有濃郁的香氣，應該會越來越有人氣吧！

Gongora kienkenabisu tricolor

洋蘭的栽植方法

洋蘭是什麼樣的植物

洋蘭的品種非常多，僅在園藝店販售的品種類就超過數十種。據說在全世界，洋蘭植物有三萬到三萬五千種。另外，在過去一百年裡，經過人類改良的雜交種，已有十萬餘種在英國品種名註冊機關進行註冊。當然，並不是所有的雜交種都存在，但這個數量仍然是極其龐大的。

1 複莖性和單莖性

根據形態的不同，洋蘭大致分為兩種類型。

●複莖性：每年新芽從植株的邊上伸出，繁殖新的植株。新伸出的芽長成球莖，再開花。最新的球莖稱之為主球莖。嘉德麗雅蘭和東亞蘭、石斛蘭等都屬於複莖性洋蘭。複莖性洋蘭的球莖數量每年都在增長，把球莖剪開來繁殖新的植株是很簡單的。

●單莖性：每年新的葉子向上展開、不斷往上伸。新展開的葉子的基部就形成節位，花芽就從這個新的節位長出

植株的構造

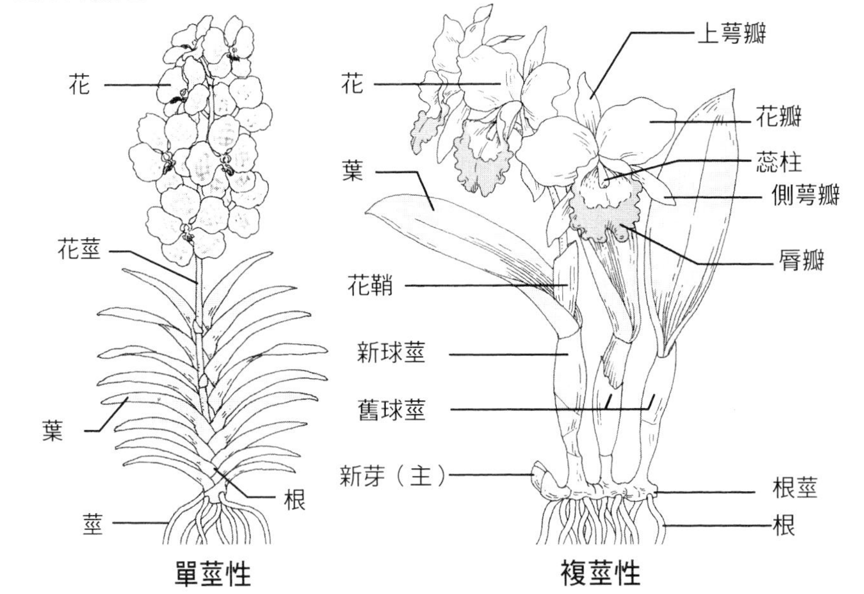

來。蝴蝶蘭和萬代蘭、日本風蘭屬等都屬於單莖性洋蘭。單莖性洋蘭基本上不從腋部長出新芽，所以，繁殖新植株不如複莖性洋蘭那麼簡單。植株在往上伸長的同時也逐漸長大，偶爾會長出腋芽，這個腋芽長大後透過分株就能繁殖成新的植株。

但是，在學術上歸於單莖性植物，依栽植方法不同，卻會從植株邊上伸出新芽來繁殖新植株的仙履蘭屬，和屬於複莖性洋蘭、植株卻不斷往上伸長的東亞蘭等都屬於例外。

2 附生蘭和地生蘭

洋蘭的野生生長方式有兩種：

●**附生蘭**：基部緊緊抓在樹木和岩石上生長的洋蘭。並不是從樹上吸取養分，僅僅是借用一個住處。附生蘭在野生狀態下，下雨後植株全身會被打濕，天晴後植株上的水分就乾了。所以在家庭栽植時，如果一直太潮濕，根往往容易腐爛。

●**地生蘭**：是生於地面和腐葉土堆積等地的一種洋蘭。這種類型的洋蘭大都討厭基部太乾。所以在家庭盆栽時，花盆內要時常保持潮濕。

標籤的讀法

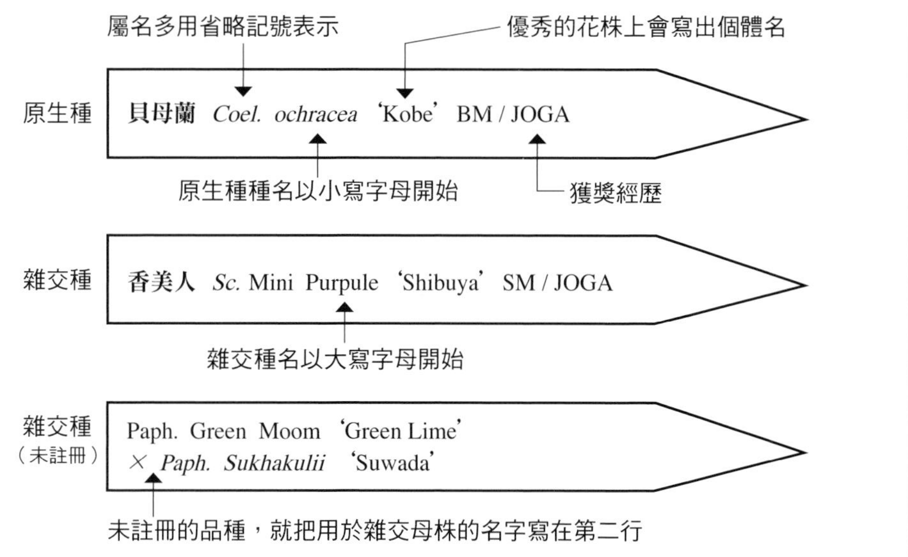

1 洋蘭的栽植條件

市面上販售的洋蘭，大多數是原產於熱帶地區的原生種經過改良而成的，所以喜歡比較溫暖的氣候，且大都很畏寒。因此在家庭栽植時，必須在怎樣使洋蘭度過寒冬的問題上花些功夫。

另外，大部分洋蘭都喜歡陽光，喜歡通風良好的環境，也喜歡乾濕交替澆水方式的洋蘭佔了大多數。栽植的時候，要重點牢記每種洋蘭所喜歡的日照、通風和對水分的要求，營造出洋蘭喜歡的環境。如果營造不出洋蘭喜歡的環境，無論施多少肥料，植株都不會生長，也不會開花。

如果細分，十種洋蘭就有十種不同的栽植環境需求，一一按照這樣的需求，是無法在家庭中栽植的，所以只需將它們大致上分成幾組即可。例如，將它們分為喜歡日照還是喜歡陰涼、喜歡潮濕還是喜歡乾燥等等。只要在可能的範圍內營造出洋蘭喜歡的環境，洋蘭就會長得很好。

冬季的放置場所

放在日照好的窗邊，晚上容易受凍，所以晚上要把厚窗簾拉上，以防止植株被冷空氣凍壞。

2 基本的放置場所

在冬季的時候，將洋蘭放置於室內；春季到秋季期間，將它放置於戶外栽植，洋蘭就會長得很好。

●冬季

冬季的栽植場所最好選在日照較好的窗邊。放置在窗邊，天氣好的時候，可以打開窗戶，更換新鮮的空氣。如果把蘭花放置在單層玻璃窗邊，晚上氣溫下降就要把厚窗簾拉上，以防止外面的冷空氣侵入。如果以暖氣設備來維持溫度，植株就不會變得衰弱。但是，要注意不能讓暖風直接對著植株吹送。如果晚上窗邊變得很冷，就要把蘭花搬到冷空氣到達不了的位置。

如果室內溫度降至栽植所需的最低溫度後，就必須使用室內溫床和溫室了，並且想辦法確保不能讓栽植的洋蘭乾枯的溫度。

●春季到秋季

在春季到秋季期間，要將洋蘭放置於通風良好的戶外來栽植。而且要選擇一個日照時間儘量長的地點，做一個架子把洋蘭墊高來栽植。如果直接放在地面上，不僅容易遭蛞蝓咬食，還容易患軟腐病。

初夏到秋初這段期間，日照太強，要根據需要罩上遮光網以調節日照的強度。使用遮光網時，要將植株放置於

夏季的放置場所

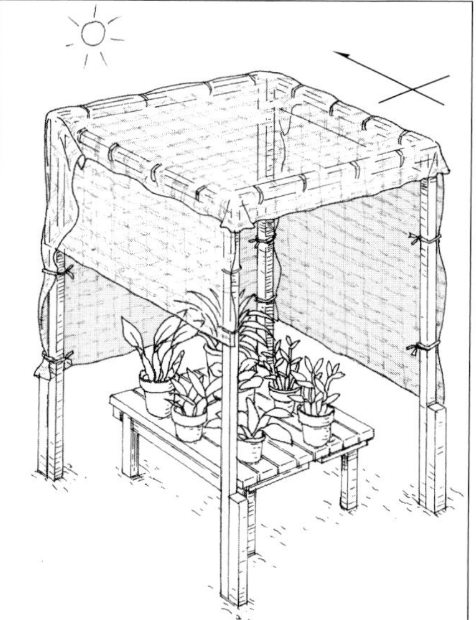

在戶外做一個架子，把洋蘭放在架子上，在上部和南面張上遮光網以調節強日照。

通風良好的地方。

如果把洋蘭放置於公寓陽臺等風比較大的地方，一定要注意以免花盆掉落。如果把洋蘭放置於風比較大的地方栽植，就要使用兼具防風和遮光作用的網來減緩風的強度。

全年都需要注意的地方

不管哪個季節，放置洋蘭的時候，最好不要讓植株之間互相接觸。如果花盆和花盆之間靠得太近，通風就會很差，也容易得病害，還容易滋生介殼蟲等。所以，一定要注意放置花盆的方法。

大植株和小植株一起栽植的時候，要注意不能讓小植株在大植株的遮陰處，如果被大植株掩蓋了，水往往澆不到小植株上，小植株就會變乾而乾枯。

澆水

1 給栽植介質澆水

根據種類不同而有所差異

根據洋蘭品種的不同，澆水的方法也不一樣。如果記住品種不同，澆水方法也不一樣，那麼，你的栽植水準就會提升很多。大多數附生蘭都喜歡乾濕交替的澆水方式，地生蘭喜歡栽植介質一直保持潮濕狀態。最好是在洋蘭專賣店先確認好所購買的到底是附生蘭，還是地生蘭。

不同季節澆水方式的差異

季節不同，澆水方式也有所不同。在春季到秋季的生長期，洋蘭的新芽和新葉子都很快地長大，這是植株最需要水的時期。特別是在夏季，必須充分地澆水。所以，即使是喜歡乾濕交替澆水方式的附生蘭，也要每天澆水。

入秋後，有球莖的品種會長成又大又好看的球莖。單莖性洋蘭的葉子會比春季時多長出好幾片。基本上，在植株成長時，要逐漸減少澆水量。隨著氣溫下降，要逐漸延長澆水間隔，也要減少澆水量。附生蘭要用乾濕交替的澆水方式。地生蘭，在冬季也要保持栽植介質潮濕。

對於澆水的時間，有很多不同的看法，通常來說，不管哪個季節最好在上午澆水。

澆水

用帶噴嘴的花灑充分澆水，直到花盆下面的孔裡流出水來。

石斛蘭等附生蘭都喜歡乾濕交替的澆水方式。

2 給葉子灑水、噴霧

澆水的方式，除了往花盆內澆水，還有給葉子灑水和噴霧等。這種噴水方式的作用和使植株生長的澆水是不一樣的。

●給葉子灑水

給葉子灑水是在初夏到秋季之間經常實施的澆水方式。在上午往花盆裡充分的澆水，就能滿足生長所需。灑水是在中午前後和傍晚時分，往葉子上噴水，把被強日照

給葉子灑水

像淋浴一樣給整體植株灑水。

照射後變熱的葉子和球莖的溫度降下來。在氣溫很高的時段灑水，可能令人有些擔心，其實，除了仙履蘭等一部分洋蘭外，其餘的洋蘭都不會有什麼問題。特別是在盛夏天氣晴朗的日子，如果在中午前後給葉子灑水，植株就會長得很好。

在傍晚給葉子灑水，目的是為了讓植株稍微涼快些度過夜晚。日本盛夏夜間的溫度，對於大多數洋蘭來說都太熱了。傍晚往植株上灑水時，同時也要把放置洋蘭的場地四周灑濕，這樣就能使植株稍微涼快地度過夜晚了。這種方法也可以使植株在炎熱的夏季生長得更快。

●噴霧

噴霧主要是在冬季進行的澆水方式。噴霧的目的不是為了讓植株生長，而是為了濕潤處於乾燥空氣中的洋蘭。在冬季頻繁地噴霧，四周再放些有細小葉子的觀葉植物，這樣就能保持一定的濕度。噴霧的目的完全是為了維持濕度，所以通常提供洋蘭生長所需水分的澆水工作，還是不可少。

噴霧

噴霧的時候，也要往葉子裡噴，給植株全體均勻地噴霧。

洋蘭的施肥方法

請不要以為肥料就是具有魔法的藥物。在施肥上最容易犯的錯誤就是給衰弱的植株施肥。施肥的對象應該是健全且很有生氣地生長的植株。肥料不是藥物，如果給衰弱的植株施肥，植株會衰弱得更快。

基本上都是在春季到秋季中旬這一時期，給栽植的洋蘭施肥。只在洋蘭的生長期施肥，氣溫低的季節不能施肥。冬季，在攝氏二十度以上的房間裡栽植蝴蝶蘭和萬代蘭時，持續地施用一些肥料是沒有什麼問題的。

1 肥料的種類

肥料大致上可以分為固體肥料和液體肥料。固體肥料分為以油粕等為主要原料的有機固體肥料，和白色、灰色等錠狀或顆粒狀的化學性（無機質肥料）固體肥料。液體肥料也分為有機系列和化學系列。「某一種肥料最好」的說法並不存在，最好是將有機系列和化學系列組合使用。例如，如果使用有機系列固體肥料，就使

有機固體肥料
以油粕為主要原料的有機固體肥料。

無機固體肥料
這是錠狀的長效性肥料。

液體肥料的原液
按照規定倍率用水稀釋後使用，也有不經稀釋直接使用的產品。

粉末狀的液體肥料
按照規定倍率溶於水後使用

用化學（無機）液體肥料。

至於施肥量，必須仔細閱讀肥料的使用說明書，按照規定量施肥。最近販售的肥料種類很多，固體肥料的施肥量和有效期限根據產品的不同有很大的差異。液體肥料的稀釋倍率也根據產品的不同有很大的差異，所以必須仔細閱讀使用說明書，嚴格按照規定的倍率施肥。

2 施肥的方法

施肥最壞的情況就是，灑固體肥料太多和施濃度過高的液體肥料。無論哪種情況都會傷到基部，因此絕對不能讓這兩種情況發生。如果經常施用比規定稀釋倍率更薄些的液體肥料，植株就會生長得很好。但是，這種方法對於比較熟悉洋蘭栽植的人是沒有什麼困難的。如果持續地過度施用太多肥料，就會給長時間栽植的洋蘭帶來很不好的影響。長時間施肥過多，肥料就會蓄積在植株裡面，導致植株生長情況極端惡化。

如果不施肥，花開就會變少，所以肥料是必需的。栽植管理時，一定要留心不能讓植株缺肥，這樣就可以常年欣賞洋蘭了。

固體肥料的施用方法

放在新球莖反面的花盆邊緣上。

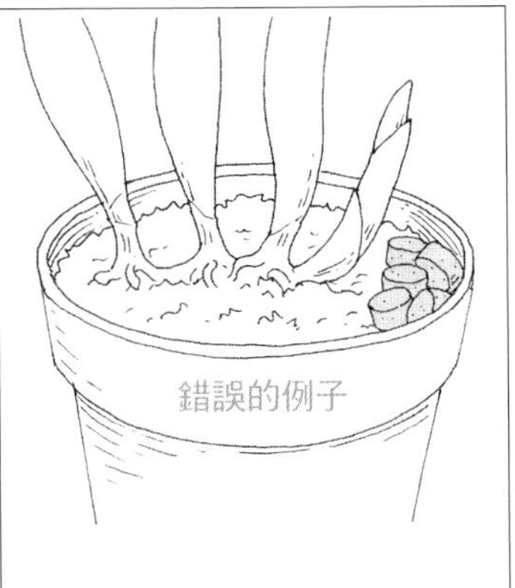

放在離新球莖最近的地方。

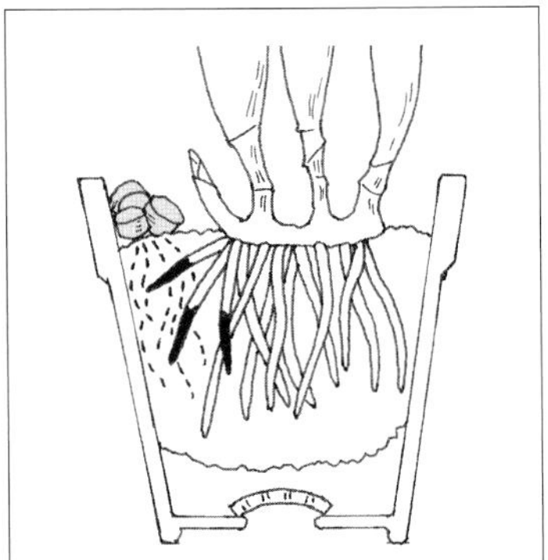

如果把固體肥料放在新球莖附近，溶化後濃度很高的固體肥料成分，可能會傷害植株基部。

栽植介質和花盆

洋蘭的栽植介質有很多種，有人常因為「到底哪一種才是最好」的而困擾。栽植介質的價格差異也很大，想使用便宜的栽植介質，也須好好考慮從中選擇哪一種。

1 栽植介質的種類

主要的栽植介質有水苔、樹皮、混合介質、椰子殼片等。

水苔以紐西蘭生產的品質最好，也有智利和中國生產的水苔。紐西蘭生產的最貴，智利和中國生產的價格較低。如果不是大量栽植，建議使用紐西蘭生產的最好，因為它的粗長纖維較多，容易栽植，並且栽植後可以長久使用。

樹皮，有紐西蘭、澳大利亞、中國等生產之分，但基本上沒有什麼差別。混合介質是指把樹皮和浮石、蛭石等搭配混合而成的介質。

椰子殼片是把椰子果實

水苔。經過乾燥處理生於沼澤地的水苔。

樹皮。把樹木的厚樹皮切碎，脫脂、發酵後的樣子。

浮石和樹皮、蛭石、椰子殼等混合而成的栽植介質。

的外殼纖維部分切碎而成的一種栽植介質。

若是家庭栽植，推薦使用水苔。雖然它價格最高，但卻是栽植起來最簡單、可使植株穩定的一種栽植介質。如果栽植東亞蘭，最好使用樹皮或是混合介質。椰子殼片也是一種不錯的栽植介質，但是由於太輕，植株容易倒伏，最好把椰子殼片和樹皮混合使用會比較好。

洋蘭基本上都不使用鹿沼土和腐葉土、泥炭土等來栽植。從某種程度來說，用這些土來栽植蘭花也是可以的，然而時間一久，花盆內就容易積水，引起基部腐爛，通常不建議使用土壤來栽植。

2 花盆的種類

栽植洋蘭時主要使用素燒花盆和塑膠花盆。素燒花盆可以從花盆全體散發水分，所以素燒花盆的特點是花盆內的水分乾得快，適合用來栽植嘉德麗雅蘭等附生蘭。使用素燒花盆，一般都搭配水苔來栽植；若使用樹皮和混合介質就會導致水分乾得太快，所以這兩者不能搭配使用。

如果選用水苔栽植，基本上都使用素燒花盆，但也有一些洋蘭適合塑膠花盆和水苔的搭配，由於塑膠花盆內的水分很難乾，所以常用來栽那些喜歡基部總是潮濕的洋蘭。例如，選用塑膠花盆和水苔的搭配來栽植貝母蘭和狹喙蘭，它們就會長得很好，建議使用盆底有很多大孔的塑膠花盆。花盆內潮濕固然好，長期下來也會造成麻煩。除了這些特

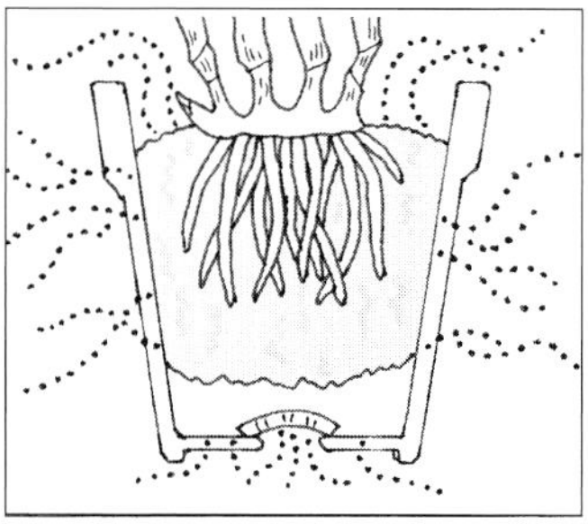

素燒花盆因水分可以從花盆全體上蒸發，所以水分乾得快。

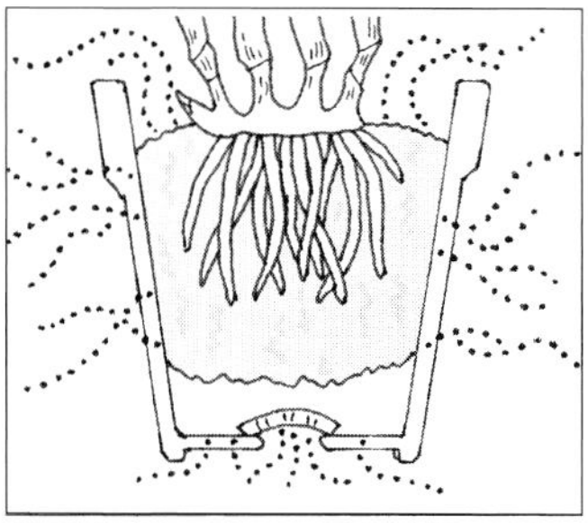

塑膠花盆因水分只能從栽培介質的表面和花盆底部的開孔處散發水分，所以水分乾得慢。

殊的品種類外，使用塑膠花盆時，最好還是使用樹皮和混合介質。栽植東亞蘭時，如果用塑膠花盆和樹皮或是混合介質的搭配，植株就會長得很好。

除此之外，還有人使用籃子（木頭框）來栽植洋蘭；也有使洋蘭附生於軟木板或蛇木板上的栽植方式。這些栽植方式很特殊，如果基本掌握了盆栽技術就不妨挑戰一下吧！

嘗試各種栽植方式也是栽植洋蘭的一大樂趣。如果植株長得特別大，現有的花盆無法容納植株的時候，就試著用板子自己製作花盆，或是把大塑膠花盆底下開許多孔洞使它排水良好，試著想各種辦法解決種植問題也是很有意思的事情。

病蟲害

洋蘭是一種病蟲害相對比較少的植物，病蟲害會受栽植環境影響而發生。如果知道洋蘭經常發生哪些主要的害蟲和病害，發現後就能準確地判斷到底是什麼病蟲害了。

洋蘭基本上沒有預防性的藥物。如果發現了害蟲和病害的徵兆，就要立即採取處理措施。只要能提供良好的栽植環境，就不會發生病蟲害了。所以，最重要的是營造好的栽植環境。

1 害蟲

●**介殼蟲**：大多數的洋蘭都會附生這種害蟲。牠有白色、堅硬的外殼，或是淡褐色等種類。體型比較小的介殼蟲，大多附生於葉子背面、球莖和葉子的葉腋處、球莖的皮膜裡面，牠們會吸取株液，使植株衰弱。嘉德麗雅蘭有適用的殺蟲劑，其他的洋蘭都是噴灑花卉專用的殺蟲劑。只噴灑一次是很難根絕的，要分幾次噴灑藥劑殺蟲。如果你在一株蘭花上發現了介殼蟲，周圍的植株也肯定有，所以，最好四周的植株都要噴灑藥劑。如果葉子的背面出現介殼蟲，最好先用柔軟的布將牠擦掉，再噴灑藥劑。

●**蚜蟲：**春季附生於花和花蕾上面的小蟲。不僅外觀不好看，還可能引起病毒性病害。一旦發現牠們後，要馬上噴灑花卉適用的殺蟲劑。如果在一株洋蘭上發現蚜蟲，栽植場所的所有蘭花都要噴灑藥劑。

●**蛞蝓：**蛞蝓會吃柔軟的花蕾、根尖和新芽，會在葉子上留下發亮的帶狀痕跡，所以一看就知道是蛞蝓蟲害。它喜歡藏在花盆底部等經常潮濕且黑暗的地方，所以當你把花盆搬入室內的時候，一定要仔細檢查花盆的底部，注意不要將蛞蝓帶入室內。如果蛞蝓蟲害很嚴重，就噴灑蛞蝓驅除劑。

●**蝗蟲：**經常在夏季到秋季啃噬美麗的花朵。只須一天就會造成很大的危害，建議一旦發現馬上將它捕殺。

●**薊馬：**是一種極小的蟲子，會鑽進花瓣重疊的部位裡，會讓花造成褐色的傷斑。如果大量滋生會讓花損傷嚴重，降低觀賞價值，一定要特別小心注意。建議噴灑花卉適用的殺蟲劑來殺蟲。這種蟲子的生命週期很短，所以有必要多次噴灑殺蟲劑。

2 病害

●**病毒性病害：**病毒性病害　這種病害是最受關注的。如果患了病毒性病害，植株會生長緩慢、花上出現不規則的花紋、沿花脈出現褐色的斑點。這種病不但無法治療，還會傳染給其他植株，一旦發現植株有病害就要立即將它燒毀。它往往通常以蚜蟲等昆蟲做為傳染媒介，如果隨意地使用未消毒的剪刀等工具，或和患病的植株、葉子發生摩擦，也有可能受到傳染。建議平時要把植株分開，並驅除蚜蟲，剪刀等工具必須消毒後再使用。

●**軟腐病**：仙履蘭屬經常發生這種病。新芽和植株基部會變成半透明的褐色，並開始腐爛。目前沒有治療這種病害的特效藥，最好的處理方法是發現有腐爛後，就把腐爛的部分完全清除乾淨。當植株的基部擁擠，通風不良的時候就容易發生這種病害，所以只要在通風好的地方栽植，就能有效地預防。

●**黑斑病**：石斛蘭的葉子上長了黑點，只要通風不好、氣溫太高就容易發生。噴上花卉適用的殺菌劑，能有效抑制它蔓延擴散。但對於落葉性的石斛蘭來說，即使發病，葉子也會很快凋落，所以不用擔心。

●**絲核菌**：容易發生於嘉德麗雅蘭，症狀和軟腐病相似的病害。細莖和球莖由褐色變為黑色、開始腐爛。沒有特效藥、基本上沒有解救的方法。

3 藥劑的種類和使用方法

園藝用的藥劑，有用水稀釋溶化後噴灑的藥劑，以及直接向植株噴灑的藥劑。使用之前，一定要仔細閱讀說明書，了解正確的使用方法，還要確認是否適用於自己栽植的洋蘭，按照規定的方法噴灑。如果對應表上有註明洋蘭的名字就再好不過，花卉類專用的也可以。

噴灑藥劑時，要戴上口罩和塑膠手套、防護眼鏡。不要在氣溫高、風大的時候噴灑藥劑，以免影響健康。

索引・屬名一覽表

頁碼	屬名	屬名略稱	自然屬、人工屬
156	*Darwinara*	*Dar.*	人工屬(*Asctm. Neof. Rhy. V.*)
169	*Thunia*	*Thu.*	自然屬
162	*Dinema*	*Din.*	自然屬
164	*Dendrochilum*	*Ddc.*	自然屬
30、39	*Dendrobium*	*Den.*	自然屬
	Doritis	*Dor.*	自然屬
20、26	*Doritaenopsis*	*Dtps.*	人工屬(*Dor. Phal.*)
159	*Nakamotoara*	*Nak.*	人工屬(*Asctm. Neof. V.*)
158	*Neostylis*	*Neost.*	人工屬(*Neof. Rhy.*)
	Neofinetia	*Neof.*	自然屬
	Batemannia	*Btmna.*	自然屬
67	*Paphiopedilum*	*Paph.*	自然屬
116	*Hamelwellsara*	*Hmwsa.*	人工屬 (*Agn. Btmna. Otst. Z. Zspm.*)
150	*Bulbophyllum*	*Bulb.*	自然屬
143	*Vanda*	*V.*	自然屬
76	*Phragmipedium*	*Phrag.*	自然屬
163	*Brassavola*	*B.*	自然屬
166	*Brassia*	*Brs.*	自然屬
167	*Podangis*	*Pod.*	自然屬
132	*Maxillaria*	*Max.*	自然屬
126	*Masdevallia*	*Masd.*	自然屬
	Miltonia	*Milt.*	自然屬
165	*Miltoniopsis*	*Mps.*	自然屬
156	*Yonezawaara*	*Yzwr.*	人工屬(*Neof. Rhy. V.*)
98	*Lycaste*	*Lyc.*	自然屬
	Rhynchostylis	*Rhy.*	自然屬
50、51、 54、56、57	*Rhynchosophrocattleya*	*Rsc.*	人工屬(*Rl. S. C.*)
	Rhyncholaelia	*Rl.*	自然屬
168	*Leptotes*	*Lpt.*	自然屬
	Laelia	*L.*	自然屬

索引・屬名一覽表

頁碼	屬名	屬名略稱	自然屬、人工屬
	Aganisia	*Agn.*	自然屬
	Ascocentrum	*Asctm.*	自然屬
157、159	*Ascofinetia*	*Ascf.*	人工屬(*Asctm. Neof.*)
	Aspasia	*Asp.*	自然屬
137	*Angraecum*	*Angcm.*	自然屬
99	*Anguloa*	*Ang.*	自然屬
122	*Vuylstekeara*	*Vuyl.*	人工屬(*Cda. Odm. Milt.*)
124	*Wilsonara*	*Wils.*	人工屬(*Cda. Odm. Onc.*)
112	*Epicattleya*	*Epc.*	人工屬(*Epi. C.*)
106	*Epidendrum*	*Epi.*	自然屬
	Otostylis	*Otst.*	自然屬
120、121	*Odontioda*	*Oda.*	人工屬(*Cda. Odm.*)
120	*Odontoglossum*	*Odm.*	自然屬
82	*Oncidium*	*Onc.*	自然屬
48、60	*Cattleya*	*C.*	自然屬
	Guarianthe	*Gur.*	自然屬
62	*Guarisophlia*	*Gsp.*	人工屬(*Gur. S. L.*)
166	*Grammatophyllum*	*Gram.*	自然屬
	Cochilioda	*Cda.*	自然屬
18	*Phalaenopsis*	*Phal.*	自然屬
170	*Gongora*	*Gga.*	自然屬
	Zygosepalum	*Zspm.*	自然屬
118	*Zygonisia*	*Zns.*	人工屬(*Asp. Z.*)
114	*Zygopetalum*	*Z.*	自然屬
6	*Cymbidium*	*Cym.*	自然屬
166	*Stenorrynchos*	*Strs.*	自然屬
	Thwaitethara	*Thw.*	人工屬(*Gur. C. S. Rl.*)
90	*Coelogyne*	*Coel.*	自然屬
163	*Sobralia*	*Sob.*	自然屬
48、61、64	*Sophrocattleya*	*Sc.*	人工屬(*S. C.*)
	Sophronitis	*S.*	自然屬

花の道 15
hana no michi

我的第一本洋蘭栽植書Q＆A（暢銷新裝版）

作　　者／江尻宗一
譯　　者／蔡善學
發 行 人／詹慶和
總 編 輯／蔡麗玲
執行編輯／李佳穎
編　　輯／蔡毓玲・劉蕙寧・黃璟安・陳姿伶・白宜平
執行設計／陳麗娜
美術編輯／陳麗娜・周盈汝・翟秀美
出 版 者／噴泉文化館
發 行 者／悅智文化事業有限公司
郵撥帳號／19452608
戶　　名／悅智文化事業有限公司
地　　址／新北市板橋區板新路206號3樓
電　　話／(02)8952-4078
傳　　真／(02)8952-4084
網　　址／www.elegantbooks.com.tw
電子郵件／elegant.books@msa.hinet.net

2015年09月二版一刷　定價／480元

裝訂・製版／中山設計事務所
（中山銀士・杉山健慈・葛城真佐子・金子曉仁）
圖像處理／しかのるーむ
單色頁處圖像處理／浅妻健司
校　　對／安藤幹江
企畫・編輯／向坂好生
編輯協力／江尻宗一・萱場修一・山本Dendrobium園
攝　　影／丸山滋（カヴァー照片）・伊藤陽人・伊藤善規
今井秀治・上林德寬・小須田進・鈴木康弘・須藤昌人・筒井雅之
成清徹也・蛭田有一・福田 稔

經銷／高見文化行銷股份有限公司
地址／新北市樹林區佳園路二段70-1號
電話／0800-055-365
傳真／（02）2668-6220

國家圖書館出版品預行編目資料

我的第一本洋蘭栽植書Q＆A / 江尻宗一 著；蔡善學譯. -- 二版. -- 新北市：噴泉文化館出版：悅智文化發行, 2015.09
面；　公分. --（花之道；15）
ISBN 978-986-91872-6-8（平裝）
1. 蘭花　2. 栽培　2. 問題集
435.4313022　　104016154